Earthquake Engineering for Water Pipelines

上水道
パイプライン
地震工学

宮島 昌克・戸島 敏雄

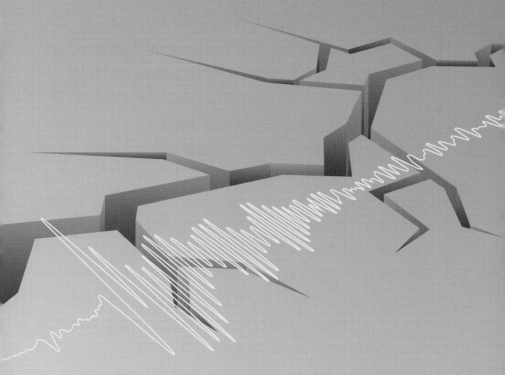

水道産業新聞社

はじめに

　ここ30年間の間に1995年兵庫県南部地震と2011年東北地方太平洋沖地震という、1,000年に１回程度という発生頻度の地震に立て続けに見舞われた。1,000年に１回程度の発生頻度ということで、これまでに経験したことのない甚大な災害が発生した。まさに想定以上の地震動と大津波であったが、これらの災害を経験して、想定以上の自然力にも可能な範囲で対応しなければならないということになり、危機耐性という概念が耐震設計法に取り入れられるようになった。一方、これまでの仕様規定型設計法から性能規定型設計法への移行の時代となり、水道施設耐震工法指針・解説2009年改訂版から性能設計が採用され始め、2022年改訂版でさらに本格的にこの設計法が取り入れられるようになった。性能設計は要求性能を満たせばどのような設計法でもよいということであるので、危機耐性の考慮とともに設計者の力量が大いに試されることになる。

　以上のような背景から、上水道埋設管路の耐震設計において、被害の特徴から地震時の挙動、特に地震動だけではなく液状化や断層変位による管路挙動を十分に理解した上で耐震設計を行うことが重要となってきた。上水道埋設管の約55％は有継手管であるダクタイル鉄管が用いられているが、これまでの埋設管路の耐震設計に関する成書では、応答解析が容易な、継手を持たない一体管路を扱ったものがほとんどであった。本書では有継手管路であ

るダクタイル鉄管を取り上げ、これまで長年にわたって行われて
きたダクタイル鉄管の地震時挙動観測の結果を始め、液状化や断
層変位が生じた地盤に埋設されていたダクタイル鉄管の残留変形
計測などについて詳しく紹介した後、継手挙動を考慮に入れたダ
クタイル鉄管の耐震設計法について記述している。さらに、高度
成長期に整備された水道管路の大量更新時期を迎えていることか
ら、水道管路の更新計画の考え方についても言及している。

　本書は水道施設耐震工法指針・解説2022年改訂版に準拠した最
新の内容となっており、用いられる式の根拠も記述しているので、
これから埋設管路の設計を始めようとしている若手技術者のみな
らず、学びなおしを考えているベテラン技術者、埋設管路の地震
被害や地震時挙動を学ぼうとしている大学生、大学院生にもぜひ
活用していただきたい。

　　2022年7月

　　　　　　　　　　　　　　　　　宮島昌克・戸島敏雄

CONTENTS

※参考文献は各章の最後に記しています。

索引 （用語集）

あとがき

1　地震時の水道管路被害

1．1　最近の主な地震

　1995年兵庫県南部地震（阪神・淡路大震災）や2011年東北地方太平洋沖地震（東日本大震災）などの地震は記憶に新しいが、気象庁の資料によると1980年以降で2020年末までの間に体に感じる地震（有感地震）は92,045回発生している[1]。これは日本では毎日6回もの有感地震が発生していることになる。

　日本で多くの地震が発生する原因は、図1.1.1に示すように日本列島が海洋プレートである太平洋プレートとフィリピン海プレート、および大陸プレートであるユーラシアプレートと北米プレートの4つのプレートが重なる場所に位置することにある。図1.1.2に示すように海洋プレートは毎年数センチの速度で大陸プレートの下に沈み込んでおり、大陸プレートの端部は引きずり込まれている。この大陸プレートの端部が引きずりに耐えられなくなり跳ね上がることによりプレートの境界で地震（プレート境界地震）が発生する。また、地下深く沈み込んだ海洋プレートの内部が破壊することにより地震（スラブ内地震）が発生する場合もある。

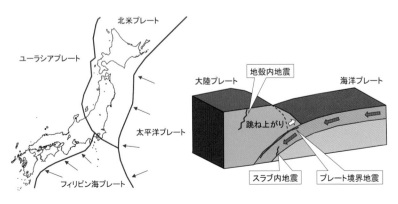

　　図1.1.1　日本近海のプレート　　　　　図1.1.2　プレートの動き

一方、日本列島には無数の断層が存在していることも地震が多く発生する原因である。プレートの動きと火山活動により日本列島は約2,500万年前に大陸から分離し、その後火山島の衝突、大規模なカルデラ噴火、さらには東西圧縮による隆起や沈下などによって今の形となった。この日本列島の形成過程における大規模な地殻変動によって地中に生じた亀裂などが断層である。プレートの動きによってエネルギーが地下に溜まるとその「傷」とも言える断層が破壊され地震（地殻内地震）が引き起こされる。

　図1.1.3に1970年以降に震度5以上ないしは震度5弱以上（1995年兵庫県南部地震を契機に、気象庁震度階が改められ震度5弱、震度5強、震度6弱、震度6強という分類が導入された）を記録した地震の発生回数を5年ごとに示す[1]。兵庫県南部地震が発生した1995年以降に震度5以上ないしは震度5弱以上の地震の発生回数が増えており、日本はまさに地震の活動期に入ってきたと言える。

　1980年以降に震度6以上ないしは震度6弱以上の地震が40回発生しており、そのうち震度7の強い地震は5回発生している。

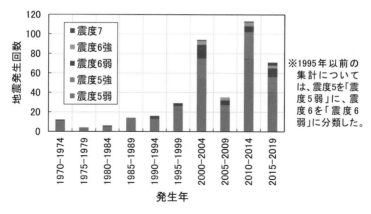

※1995年以前の集計については、震度5を「震度5弱」に、震度6を「震度6弱」に分類した。

図1.1.3　震度5以上の地震発生回数の集計[1]

1 地震時の水道管路被害

　表1.1.1にそれら最大震度6以上ないしは震度6弱以上の主な地震の名称（気象庁に命名された名称）、発生日、マグニチュード、最大震度、死者数、全壊した建物の棟数、および水道の被害として断水戸数を示す[2]～[5]。

表1.1.1　震度6以上の主な地震 [2]～[5]

番号	地震名[2]	発生日	マグニチュード	最大震度	死者[3]（人）	建物全壊被害[3]（棟）	断水戸数[3]（戸）
1	（浦河沖を震源とする地震）	1982年3月21日	M7.1	6	―	9	―
2[※1]	1983年日本海中部地震	1983年5月26日	M7.7	5	104	934	48,784
3	1993年釧路沖地震	1993年1月15日	M7.8	6	2	―	―
4	1993年北海道南西沖地震	1993年7月12日	M7.8	6	202	―	―
5	1994年北海道東方沖地震	1994年10月4日	M8.1	6	―	61	―
6	1994年三陸はるか沖地震	1994年12月28日	M7.5	6	3	72	約30,000
7	1995年兵庫県南部地震	1995年1月17日	M7.2	7	6,434	（全半壊）約200,000	約1,220,000
8	2000年鳥取県西部地震	2000年10月6日	M7.3	6強	―	435	8,338
9	2001年芸予地震	2001年3月24日	M6.7	6弱	2	70	40,938
10	（宮城県北部を震源とする地震）	2003年7月26日	M6.4	6強	―	1,276	13,721
11	2003年十勝沖地震	2003年9月26日	M8.0	6弱	―	116	15,956
12	2004年新潟県中越地震	2004年10月23日	M6.8	7	68	3,175	129,750
13	（福岡県西方沖を震源とする地震）	2005年3月20日	M7.0	6弱	1	133	849
14	（宮城県沖を震源とする地震）	2005年8月16日	M7.2	6弱	―	1	49
15	2007年能登半島沖地震	2007年3月25日	M6.9	6強	1	684	13,290
16	2007年新潟県中越沖地震	2007年7月16日	M6.8	6強	15	1,319	58,961
17	2008年岩手・宮城内陸地震	2008年6月14日	M7.2	6強	13	28	5,560
18	（駿河湾を震源とする地震）	2009年8月11日	M6.5	6弱	1	―	74,815
19	2011年東北地方太平洋沖地震	2011年3月11日	M9.0	7	19,747	121,996	2,567,210
20	（長野県北部を震源とする地震）	2014年11月22日	M6.7	6弱	―	50	1,288
21	2016年熊本地震	2016年4月16日	M6.5	7	273	8,667	445,857
22	（鳥取県中部を震源とする地震）	2016年10月21日	M6.6	6弱	―	14	16,187
23	（大阪府北部を震源とする地震）	2018年6月18日	M6.1	6弱	4	9	94,030
24	2018年北海道胆振東部地震	2018年9月6日	M6.7	7	42	462	68,249

※1　1983年日本海中部地震（No.2）は震度5であるが、死者104人と大きな被害であったため本表に記載した。
※2　（　）は気象庁に命名されていない地震、赤字は最大震度7の地震を示す。
※3　参考文献に数字の記載がないものは「―」と表記している。

1983年日本海中部地震は震度5の地震であるが、104名が死亡し、液状化などにより建物被害が大きかったので記載している。なお、阪神・淡路大震災や東日本大震災という震災名称が一般的に使用されるが、本書では気象庁によって命名された名称である1995年兵庫県南部地震や2011年東北地方太平洋沖地震を使用する。

　近年起こった最大震度6以上ないしは震度6弱以上の地震の震央分布を図1.1.4に示す[2]。図中に記した番号は表1.1.1の地震の番号と合わせているので、各々の地震の震央の位置が確認できる。震央は北海道から九州まで分布しており、日本のどこで大きな地震が発生してもおかしくない状況がわかる。

　これらの大きな地震においては多くの人が死傷し、建物や橋・港湾施設などの土木構造物に甚大な被害が発生した。1995年兵庫県南部地震では大都市を襲った直下型地震ということで、6,434人（震災関連死を含む）が亡くなり、建物の全半壊は約20万戸に達した[3]。2011年東北地方太平洋沖地震では、広範囲にわたって津波に襲われたために、死者は19,747人（2021

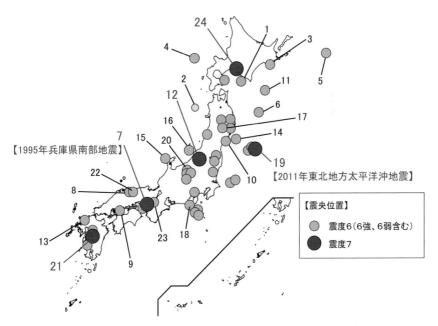

図1.1.4　近年発生した震度6以上の地震の震央分布[2]

年3月時点、震災関連死を含む)、全壊した建物が12万戸にも達した[5]。1983年日本海中部地震と1993年北海道南西沖地震でも津波が発生し、それぞれ死者の数が100人を超えた。震度7を観測した地震は1995年兵庫県南部地震、2011年東北地方太平洋沖地震のほかに2004年新潟県中越地震、2016年熊本地震、2018年北海道胆振東部地震があった。そのほとんどは直下型地震であり、表1.1.1に示された地震の中で上位となる死者数、建物被害数となっている。

　水道施設も大きな被害を受け断水が発生し、水道水を利用できない不自由な生活が長期に及ぶ場合もあった。1995年兵庫県南部地震では122万戸が断水し、断水状態が解消するのに神戸市では90日、西宮市では70日を要した[6]。2011年東北地方太平洋沖地震では257万戸で断水し、仙台市では断水状態が解消するのに18日を要し[7]、2016年熊本地震においては45万戸で断水し、熊本市では断水解消に9日を要した[8]。

　水道施設の被害は、浄水場や配水池などの構造物や場内配管、電気設備の損傷、停電、および導水管、送水管、配水管など水道管路の被害など多岐にわたるが、水道管路の被害の影響が最も大きく断水の主な原因となった。水道管路の種類と主な管材料は巻末資料1を参照されたい。

1.2　既往地震での管路被害事例
1）管路被害が多く発生する場所
　地震時の管路被害の原因は、地震動による地盤変位と、地盤に亀裂や沈下あるいは地盤崩壊などの永久変形が残る地盤変状によるものとに区分できる。

　地震動による地盤変位によって管体にひずみ（応力）が発生し、継手部には伸縮が発生する。一方、地盤変状では地震動によるものに比べて地盤変位が大きく、多くの管路被害をもたらしてきた。

　筆者らはこれまでの地震において現地で管路の被害状況を調査してきたが、次のような場所で地盤変状による管路被害が多く発生していた。

① 液状化した地盤
　液状化が発生した地盤では写真1.2.1に示すように噴砂が発生し、地盤の

写真1.2.1　液状化（広域な噴砂）
【2003年十勝沖地震　釧路市】

写真1.2.2　液状化（地盤沈下）
【1995年兵庫県南部地震　神戸市】

写真1.2.3　液状化（護岸のはらみ出し）
【1995年兵庫県南部地震　神戸市】

支持力が低下し建物が傾くなどの被害が発生する。液状化が発生した場所では、地盤の亀裂や地盤沈下および地盤が水平方向に移動する側方流動など数mにも及ぶ地盤変位が発生する。写真1.2.2に、1995年兵庫県南部地震において神戸市内で杭に支持された建物周りの地盤が液状化によって沈下して1mもの段差が生じた例を示す。また、写真1.2.3には同じく神戸市内で側方流動によって護岸がはらみ出した事例を示す。

　液状化は海岸部の埋立地や人工島で多く発生するが、内陸部でも旧河川や旧ため池などの旧水部、および砂を採取した跡を埋めた土地などでも発生するので注意を要する。このような場所での事例を次に示す。

　1993年北海道南西沖地震における長万部町での管路被害地点と戦前の地盤状況を図1.2.1に示す[9]。JR函館本線より海側の地域に被害が集中してい

る。この地域は古くは軟弱な湿原であり、液状化が発生し噴砂も数多く確認できた。

　2000年鳥取県西部地震においては、米子市内で内陸部の富益団地に局所的に液状化および管路被害が発生した。図1.2.2に同団地内の地盤変状の状況と管路被害地点を示す[10]。この場所は団地が造成される前は砂利採取場であり、噴砂や亀裂が確認できることから、その盛土が液状化したものと考えられる。

　2018年北海道胆振東部地震においては、札幌市清田区里塚で局所的に大きな地盤陥没および管路被害が発生した。この陥没の状況を写真1.2.4に示

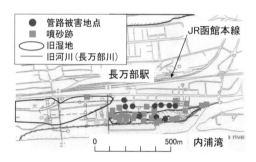

図1.2.1　長万部町での管路被害地点[9]
【1993年北海道南西沖地震　長万部町】

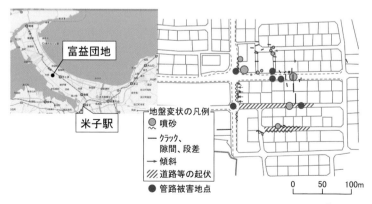

図1.2.2　米子市富益団地での地盤変状と管路被害地点[10]
【2000年鳥取県西部地震　米子市】

写真1.2.4 液状化（地盤陥没）
【2018年北海道胆振東部地震　札幌市】

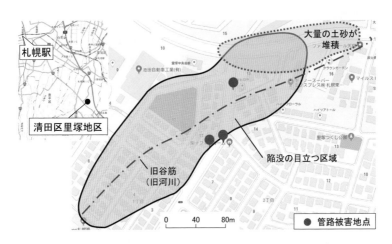

図1.2.3 札幌市清田区里塚地区での管路被害地点[11]
【2018年北海道胆振東部地震　札幌市】

し、陥没の位置と管路被害地点を図1.2.3に示す[11]。ここは旧谷筋を切盛り造成した場所であり、陥没域の下流には多量の土砂が堆積していた。液状化した盛土が大量に旧谷筋に沿って流出し、大きな陥没が発生したものと考えられる。

② 傾斜地

　傾斜地では表層地盤が下方に押し流される場合がある。写真1.2.5には

8

2004年新潟県中越地震において長岡市内で傾斜地の舗装面が押しつぶされて破壊された例を示す。これは、斜面の下端部で斜面の地盤の動きが制止されて、地盤に圧縮力が作用したためと考えられる。

　1993年釧路沖地震では釧路市緑ヶ岡町の造成された住宅地の傾斜地で多くの管路被害が発生した。管路被害地点を図1.2.4に示す。この地域では道路や家屋の被害も多く発生した。さらに2003年十勝沖地震においても図1.2.4に示すように同地域で管路被害が発生し[12]、道路に無数の亀裂が確認できた。

写真1.2.5　斜面の舗装面の圧壊
【2004年新潟県中越地震　長岡市】

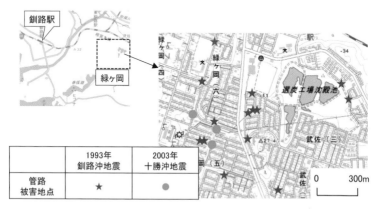

	1993年 釧路沖地震	2003年 十勝沖地震
管路 被害地点	★	●

図1.2.4　釧路市緑ヶ岡町での管路被害地点[12]
【1993年釧路沖地震、2003年十勝沖地震　釧路市】

③ 道路の盛土部

　道路の盛土部の崩壊による管路被害も多い。写真1.2.6には2004年新潟県中越地震において長岡市内で道路全体が崩壊した例を示すが、片側の路肩だけ崩壊している場合も数多く見られた。

　図1.2.5には2003年十勝沖地震において豊頃町で管路被害地点と道路の盛土部の位置を調査した結果を示す[12]。管路被害の多くは道路の盛土と地山の境界部で発生していた。これは盛土部の地盤が他の部分に比べて柔らかく地震時の地盤の動きが両者で異なり、境界部付近での地盤ひずみが大きくなるためと考えられる。

写真1.2.6　盛土崩壊
【2004年新潟県中越地震　長岡市】

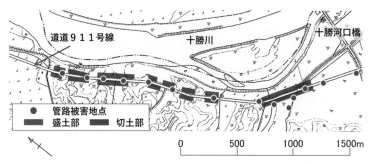

図1.2.5　豊頃町の道路切・盛土部と管路被害地点[12]
【2003年十勝沖地震　豊頃町】

④ 造成地

　写真1.2.7に2004年新潟県中越地震における長岡市内の例で示すように、山を切盛り造成した宅地においては、特に谷部を盛土した箇所や切土と盛土の境界で亀裂や陥没、崩落などが発生した。図1.2.6に2011年東北地方太平洋沖地震における仙台市泉区の造成地において管路の被害地点と盛土部と切土部を調査した事例を示す[13]。管路被害は特に盛土部と切土部の境界

写真1.2.7　造成地の盛土崩壊
【2004年新潟県中越地震　長岡市】

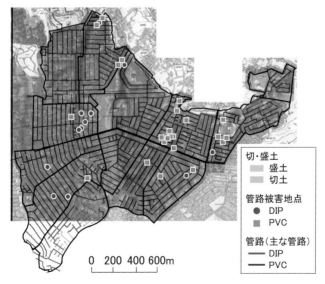

図1.2.6　道路の切・盛土部と管路被害地点[13]
【2011年東北地方太平洋沖地震　仙台市】

付近で多く発生しており、これは盛土部と切土部で地震時の地盤の動きが異なるためと考えられる。

⑤ 断層

　断層変位が地表に現れると地盤に大きな相対変位が発生し、その近くでも地盤変位が大きくなる。写真1.2.8に台湾で発生した1999年集集地震における縦ずれ断層変位を示しているが上下に約２ｍもの段差が生じている。写真1.2.9には2016年熊本地震において益城町で観察された約２ｍの横ずれ断層変位を示す。これらの例に見るように断層部では大きな地盤変位が局所的に発生する。

写真1.2.8　断層変位（縦ずれ断層）
【1999年集集地震】

写真1.2.9　断層変位（横ずれ断層）
【2016年熊本地震　益城町】

⑥ 微地形分類の境界部

　微地形分類の境界部でも管路被害が多く発生する。七郎丸・宮島[14] が2004年新潟県中越地震における長岡市および2007年新潟県中越沖地震における柏崎市を対象として、微地形分類の境界部とそれ以外の場所での一般継手ダクタイル鉄管（DIP）の被害率を比較した結果を図1.2.7に示す。分析では、微地形を250mのメッシュで表現し、隣接するメッシュと微地形分類が異なる場合を微地形分類の境界部とした。

　境界部の被害率は境界部以外の被害率に対して長岡市で５倍、柏崎市で1.4倍であった。これは隣接する各々の地盤の震動が異なるために境界部では地盤ひずみが大きくなるためと考えられる。

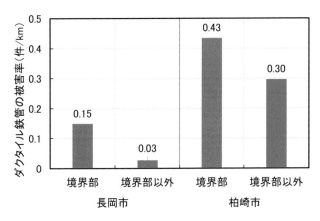

図1.2.7　微地形分類の境界部と境界部以外のDIPの被害率の比較[14]
【2004年新潟県中越地震　長岡市、2007年新潟県中越沖地震　柏崎市】

⑦ 構造物や水管橋との取り合い部

　浄水場内での配管と構造物との取り合い部、および水管橋の橋台前後の取り合い部における管路の被害も多い。構造物や橋台周りの地盤が沈下した場合に、両者に大きな相対変位が生じるためと考えられる。

2）主な管路被害・管種別被害形態

　表1.2.1に管種毎の被害形態として文献15）、16）にまとめられたものを示し[15], [16]、写真1.2.10から1.2.17に主な管路の被害状況を示す。なお、写真には管の呼び径も示しているが、呼び径とは管の実際の外径を表すものではなく、管種ごとに同じ呼び径でも実際の外径は異なるので、詳しくは巻末資料2を参照されたい。

　K形やT形などの一般継手ダクタイル鉄管（DIP：Ductile Iron Pipe）の被害は継手部の抜け出し（写真1.2.10）によるものであり、管体や継手部の破損はH鋼など他の構造物が支点となった踏み抜きなど稀な例を除いて報告されていない。

　GX形やNS形、S形などの耐震継手ダクタイル鉄管（HRDIP：Hazard Resilient Ductile Iron Pipe）では被害が報告されていない。HRDIPは地震も

表1.2.1　管種別被害形態[15)、16)]

管種	継手形式	主な被害形態
ダクタイル鉄管	一般継手 DIP	継手の抜け
	耐震継手 HRDIP	被害なし
鋳鉄管 CIP	印ろう形	管体破損、継手の緩み・抜け
	一般継手（A形）	
鋼管	溶接継手 SP	溶接部の破損
	ねじ継手 SGP	管体破損、継手の抜け・破損
硬質塩化ビニル管 PVC	接着継手（TS形）	管体破損、継手の抜け・破損
	ゴム輪継手（RR形）	管体破損、継手の抜け・破損
高密度ポリエチレン管 HDPE	融着継手	管体・継手破損

含めた様々な自然災害（Hazard）に強靭な（Resilient）ダクタイル鉄管（DIP）を意味しており、1.4で詳述する。

　鋳鉄管（CIP：Cast Iron Pipe）は管体強度や伸びがダクタイル鉄管より低いために、写真1.2.11に示すように管体の破損による被害が多い。また、地震動により印ろう継手の緩みによる漏水も報告されている。

　溶接鋼管（SP：Steel Pipe）では管体破損はないものの、写真1.2.12に示すように溶接部の破損や、腐食による漏水が報告されている。また、主に小口径で使用されるねじ継手鋼管（SGP）では、管体破損に加え、ねじ継手の抜けや破損が報告されている。

　硬質塩化ビニル管（PVC：Polyvinyl Chloride Pipe）の接着継手（TS形）では管体破損や継手部の破損や抜け出しによる被害が発生している。ゴム輪継手（RR形）はダクタイル鉄管の一般継手と同じような柔構造継手ではあるが、継手部の抜け出しに加え、写真1.2.13に示すように継手部や管体の破損が報告されている。

　高密度ポリエチレン管（HDPE：High Density Polyethylene Pipe）では被害は少ないが、斜面が崩壊した場所では、写真1.2.14に示すように管体の破損した事例が報告されている[17)]。

写真1.2.10
DIP T形（呼び径400） 継手抜け
【1983年日本海中部地震 能代市】

写真1.2.11
CIP（呼び径800） 管体破損
【1995年兵庫県南部地震 神戸市】

写真1.2.12
SP（呼び径600） 溶接部割れ
【1995年兵庫県南部地震 神戸市】

写真1.2.13
PVC RR形（呼び径75） 継手破損
【2003年十勝沖地震 豊頃町】

写真1.2.14[17)]
HDPE（呼び径50） 管体破損
【2004年新潟県中越地震 山古志村（現 長岡市）】

断層を横断した管路では特徴的な被害が発生している。

　台湾で発生した1999年集集地震では、約３mの段差が生じた逆断層を横断していた呼び径2000の鋼管（SP）が写真1.2.15に示すように座屈していた。写真1.2.16には2016年熊本地震において益城町平田で横ずれ断層に直交していた２条の一般継手ダクタイル鉄管（DIP）の被害状況を示す。元々は赤線と青線がそれぞれ一直線に配管されていたが、両方の継手が約10cm抜け出し、さらに写真の上側の管が右方向に約30cm移動していた。

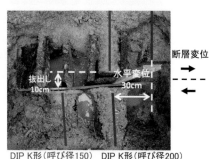

DIP K形（呼び径150）　DIP K形（呼び径200）

<table>
<tr><td>写真1.2.15
断層変位による管路被害
SP（呼び径2000）
【1999年集集地震】</td><td>写真1.2.16
断層変位による管路被害
DIP　K形（呼び径150、呼び径200）
【2016年熊本地震　益城町】</td></tr>
</table>

　写真1.2.17には同じく2016年熊本地震において益城町下陣で約80cmの横ずれ断層変位に対して45°に交差していた呼び径100の一般継手ダクタイル鉄管（DIP）の被害状況を示す。断層周りの管が２本撓曲状に約135cm曲がっていた。これは断層変位によって管路が圧縮され、一般継手ダクタイル鉄管（DIP）の継手部は圧縮側には動かないために管体が変形したことによる。

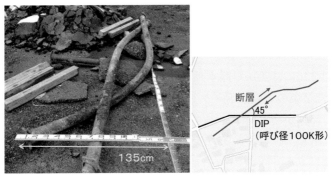

写真1.2.17　断層変位による管路被害
DIP　K形（呼び径100）
【2016年熊本地震　益城町】

1.3　被害分析

1）対象都市

　1994年三陸はるか沖地震以降の主な地震で管路被害が多く発生した表1.3.1に示す都市の被害を集計した。さらに詳細な被害データを入手出来た下線付きの都市では管路被害の要因を分析した。

表1.3.1　集計・分析対象都市

地震No.[1]	地震名	集計・分析対象都市[2]、[3]
6	1994年三陸はるか沖地震	八戸市（6）
7	1995年兵庫県南部地震	**神戸市（7）、芦屋市（7）、西宮市（7）**
12	2004年新潟県中越地震	**長岡市（7）**、小千谷市（6強）
16	2007年新潟県中越沖地震	**柏崎市（6強）**
19	2011年東北地方太平洋沖地震	**仙台市（6強）**、宮城北部[4]
21	2016年熊本地震	**熊本市（6強）**

※1　地震No.は表1.1.1に同じ
※2　都市名に続く（　）は当該都市の最大震度を示す
※3　下線の都市は、管路被害要因を分析した都市を示す
※4　宮城北部は、栗原市（震度7）、大崎市（6強）、登米市（6強）、涌谷町（6強）の4市町の集計である

2）分析用データベース

　データベースは管種・口径別の管路延長などの管路データ、管路被害の位置、管の管種・口径および被害形態などの管路被害データ、微地形分類や液状化発生の有無などの地盤データ、および地震動データから構成され、地理情報システム（GIS）上に250mメッシュごとに集計した。

　微地形は国立研究開発法人 防災科学技術研究所（以下、防災科学技術研究所）の地震ハザードステーション（J-SHIS）の表層地盤データ[18]では24種類に分類されているが、ここでは公益財団法人 水道技術研究センター（以下、水道技術研究センター）での被害予測式の区分[19]に従い、表1.3.2の通り主な19分類を5種類に集約した。

　液状化発生の有無は若松ら[20]、[21]によりまとめられた液状化データを使用した。ただし、1995年兵庫県南部地震に関しては文献15）の分析データを使用した。

　地震動データは国立研究開発法人 産業技術総合研究所（以下、産業技術総合研究所）地質調査総合センターの地震動マップ即時推定システム（QuiQuake）[22]の最大地盤速度を使用した。ただし、2016年熊本地震に関しては防災科学技術研究所の地震速報（J-RISQ）のデータ[23]を使用した。1995年兵庫県南部地震に関しては地震動データベースが整備されていないので、高田らの方法[24]に従い、阪神地区29箇所の強震観測地点で計測された最大地盤速度をもとに形状補間法を用いてメッシュごとに最大地盤速度を算出した。

表1.3.2　微地形分類[19]

区分	区分1	区分2	区分3	区分4	区分5
微地形	山地 山麓地 丘陵 火山地 火山山麓地 火山性丘陵	砂礫質台地 ローム台地	谷底低地 扇状地 後背湿地 三角州・海岸 低地	自然堤防 旧河道 砂州・砂礫洲 砂丘	干拓地 埋立地 湖沼
微地形 補正係数 Cg※	0.4	0.8	1.0	2.5	5.0

※　微地形補正係数とは、2013年に水道技術研究センターより提案された地震による管路被害予測式[19]において用いられている微地形分類の補正係数である。

18

　都市別に被害件数および被害件数を管路延長で除した被害率を集計し、分析では微地形分類、液状化発生の有無、管種・口径、および最大地盤速度毎に被害率を求めた。なお、本書では管種以外の要因分析に関しては管種の影響を取り除くために、管路延長が最も長い一般継手ダクタイル鉄管（DIP）の被害を対象とした結果を示す。

　また、属具の被害は除外し、メッシュ内の管路延長が短いと被害率が大きくなる傾向があるため、管路延長が5km未満となる場合も除外した。

3）分析結果
（1）被害件数と被害率
　都市別の被害件数を図1.3.1に示し、被害率を図1.3.2に示す。被害件数は

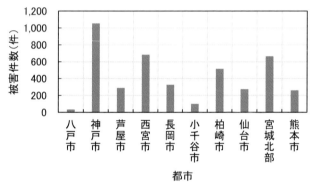

図1.3.1　都市別の被害件数

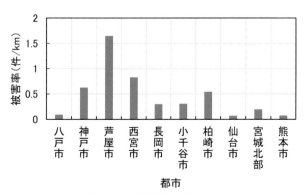

図1.3.2　都市別の被害率

1995年兵庫県南部地震での神戸市が最も多く1,056件であり、西宮市の686件や2007年新潟県中越沖地震での柏崎市の518件が多かった。被害率は1995年兵庫県南部地震での芦屋市が1.65件/kmと最も高く、次いで西宮市の0.83件/km、神戸市の0.63件/km、2007年新潟県中越沖地震での柏崎市が0.55件/kmと高い値であった。

(2) 微地形分類と被害率

　一般継手ダクタイル鉄管（DIP）の微地形分類ごとの管路被害率を図1.3.3に示す。区分１に分類した山地や丘陵（微地形補正係数Cg=0.4）、および区分２に分類した台地（Cg=0.8）に比べて、区分４に分類した自然堤防や砂州（Cg=2.5）、および区分５に分類した埋立地（Cg=5.0）などの軟弱な地盤での被害率が高くなる傾向が見られた。特に埋立地では液状化の影響が考えられる。一方で、仙台市においては区分１に分類した丘陵において被害率が高かった。区分１は、一般的には固い地盤で管路被害も少ないと考えられており、実際、本書の分析においても他のほとんどの都市では被害率が小さかった。仙台市では丘陵地の宅地造成地での被害が多かったためと考えられ、永田ら[25]は仙台市の丘陵地での管路被害を分析し、宅地造成地の管路被害率が0.183件/kmであり、それ以外の地盤の被害率0.057件/kmと比べて３倍以上であったと報告している。

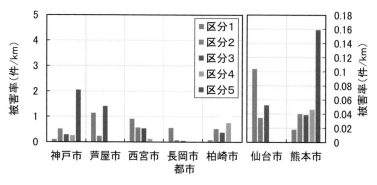

図1.3.3　DIPの微地形分類別被害率

（3）液状化と被害率

　一般継手ダクタイル鉄管（DIP）の液状化発生の有無による被害率の比較を図1.3.4に示す。液状化の発生した場所での被害率は液状化の発生していない場所に比べて高く、神戸市で5.4倍、芦屋市で3.3倍、柏崎市で2.2倍、熊本市で7.4倍であった。

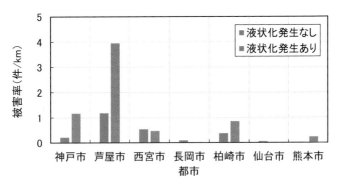

図1.3.4　DIPの液状化発生の有無別被害率

（4）管種と被害率

　被害の大きくなる液状化発生地域を除いた管種別の被害率を図1.3.5に示す。鋳鉄管（CIP）、および塩化ビニル管（PVC）の被害率が高かった。

　図1.3.6に各都市における管路総延長に対するダクタイル鉄管の延長比率と被害率の関係を示す。ダクタイル鉄管の延長比率が高いほど被害率が小さくなる傾向を示している。

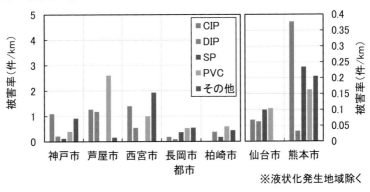

図1.3.5　管種別被害率

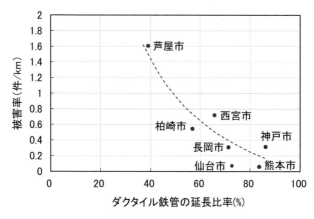

図1.3.6　DIP管路延長比率と被害率

（5）口径と被害率

　一般継手ダクタイル鉄管（DIP）で液状化発生地域を除いた口径別の被害率を図1.3.7に示す。概ね口径が小さくなるほど被害率は大きくなる傾向にあった。

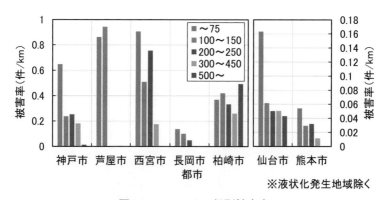

図1.3.7　DIPの口径別被害率

（6）最大地盤速度と被害率

　一般継手ダクタイル鉄管（DIP）で液状化発生地域を除いた最大地盤速度と被害率の関係を図1.3.8に示す。ばらつきは大きいが最大地盤速度が大きくなると被害率が増加する傾向にあり、最大地盤速度が50kineで被害率

22

は約0~0.2件/km、110kineで被害率は約0.2~0.4件/kmであった。

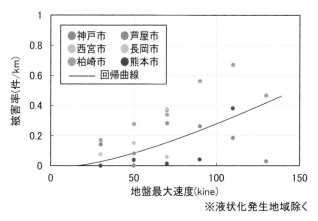

図1.3.8　DIPの最大地盤速度と被害率の関係

1．4　耐震継手ダクタイル鉄管

1）耐震継手ダクタイル鉄管の構造と性能

（1）継手構造

　既往の地震において水道管路には多くの被害が発生しているが、ＧＸ形やＮＳ形、Ｓ形などの耐震継手ダクタイル鉄管（HRDIP）には被害が発生していない。

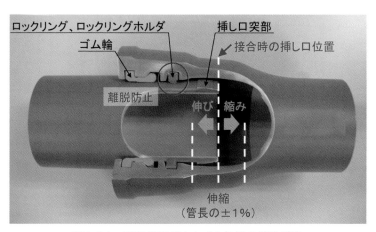

図1.4.1　耐震継手ダクタイル鉄管の継手構造

図1.4.1に耐震継手ダクタイル鉄管（HRDIP）の継手構造を示す。継手部は伸縮し屈曲できる。さらに、継手部が大きく伸びると最終的には挿し口突部とロックリングの係合により継手の抜け出しを防止する構造（離脱防止機構）を有する。

　図1.4.2に耐震継手ダクタイル鉄管（HRDIP）を用いた管路の地震時の動きを伸び方向を例にして模式的に示す。

① 継手が伸び、最終的には離脱防止状態になる。

② 一つの継手が離脱防止状態になると隣の管が引っ張られ、隣の継手が伸びる。

③ 隣の継手が離脱防止状態になり、②と同じようにその隣の管が引っ張られる。

　圧縮側でも継手の屈曲でも同じような動きになる。このように管路が地中に埋められた鎖のように挙動して大きな地盤変位を吸収できることから鎖構造管路と呼ばれている。

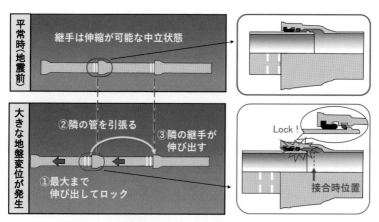

図1.4.2　耐震継手ダクタイル鉄管の地震時の動き

　耐震性を備えた水道管路として、このような鎖構造管路の構想が1973年に厚生省（当時）から「南関東大震災対策調査報告書」[26] において初めて示された。その後、1977年には財団法人　国土開発技術研究センターにおいて「地下埋設管路耐震継手の技術基準（案）」[27] が作成された。この基準では、伸縮・可撓性を有し、かつ離脱防止措置が講じられている継手

が耐震継手として定義されている。

　耐震継手ダクタイル鉄管（HRDIP）の変遷と種類を巻末資料3に示すので参照されたい。

（2）継手性能

　耐震継手ダクタイル鉄管（HRDIP）の耐震性能を表1.4.1に示す。継手伸縮量は管長の±1%以上、離脱防止性能は3DkN（D：管の呼び径）以上、

表1.4.1　耐震継手ダクタイル鉄管(HRDIP)の耐震性能

項目	性能
継手伸縮量	管長の±1%以上
離脱防止性能	3DkN以上　（D：管の呼び径）
最大屈曲角度	呼び径により異なる 　例：呼び径　100：8° 　　　呼び径　500：7° 　　　呼び径1000：7° 　　　呼び径2000：4°20'

表1.4.2　耐震継手の耐震性能区分（ISO16134：2020）[28]

項目	クラス	性能	備考
継手伸縮量	S-1	管長の±1%以上	
	S-2	管長の±0.5%以上1%未満	
	S-3	管長の±0.5%未満	
離脱防止性能	A	3DkN以上	D：管の呼び径
	B	1.5DkN以上3DkN未満	
	C	0.75DkN以上1.5DkN未満	
	D	0.75DkN未満	
最大屈曲角度	M-1	θa以上	θa：下表
	M-2	θa/2以上θa未満	
	M-3	θa/2未満	

呼び径	80～400	450～1000	1100～1500	1600～2200	2400～2600
θa	8°	7°	5°30'	4°	3°30'

最大屈曲角度は呼び径により異なり、例えば呼び径100で8°、呼び径500や呼び径1000で7°、呼び径2000で4°20'である。

　耐震継手ダクタイル鉄管（HRDIP）の継手伸縮量、離脱防止性能および最大屈曲角度は国際規格であるISO規格（ISO16134：2020）[28]において表1.4.2に示すように分類されており、日本において開削工事で広く使用されるGX形やS形などの耐震継手は継手伸縮量がS-1、離脱防止性能がA、最大屈曲角度がM-1の最高ランクに分類される。また、前述の「地下埋設管路耐震継手の技術基準（案）」[27]においても、継手伸縮量および離脱防止性能が同じ値で分類されている。

　耐震継手ダクタイル鉄管（HRDIP）は継手に3DkN（D：管の呼び径）の引張り力が作用しても、あるいは、最大屈曲角度まで屈曲させても管体

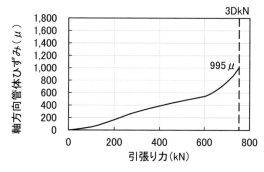

（1）呼び径250GX形継手

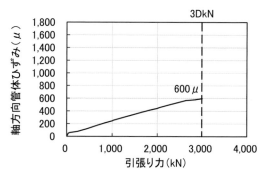

（2）呼び径1000NS形継手

図1.4.3　継手引張り試験時の挿し口発生ひずみ

応力が弾性範囲であるように設計されており、実験およびFEM解析によっ
て次の例のように確認されている。

　呼び径250ＧＸ形継手および呼び径1000ＮＳ継手に３DkN（D：管の呼
び径）の引張り力を負荷した時の挿し口に発生するひずみをひずみゲージ
によって測定した結果を図1.4.3に示す。３DkNの引張り力を負荷しても挿
し口に発生する最大ひずみは呼び径250で995μ、呼び径1000で600μとい
ずれも0.2%耐力（270N/mm²）に相当する3300μ以下であり弾性範囲にあ
ることがわかる。また、ＦＥＭ解析によって得られた３DkN負荷時の挿
し口断面の応力分布を図1.4.4に示す。最大応力は呼び径250で160N/mm²、

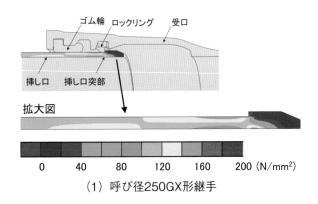

（1）呼び径250GX形継手

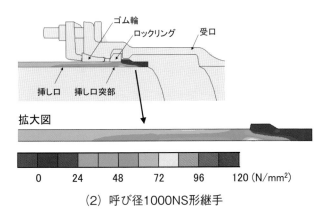

（2）呼び径1000NS形継手

図1.4.4　3DkN負荷時の挿し口部応力分布

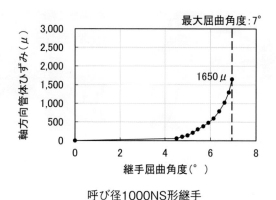

呼び径1000NS形継手

図1.4.5 曲げ試験時の挿し口発生ひずみ

呼び径1000で101N/mm²といずれも0.2%耐力（270N/mm²）以下であり、弾性範囲にあることがわかる。

　また、呼び径1000NS形継手を最大屈曲角度（呼び径1000NS形継手は7°）まで屈曲させた時の挿し口に発生するひずみを、ひずみゲージによって測定した結果を図1.4.5に示す。挿し口に発生する最大ひずみは1650μと0.2%耐力相当の3300μ以下であり、弾性範囲にあることがわかる。

　これらのことは3DkN（D：管の呼び径）の離脱防止性能や最大屈曲角度内の範囲で管路設計を行えば、地震後にも管体に変形が残らずそのまま継続して使用できることを意味している。詳しくは**3．4**を参照されたい。

2）耐震継手ダクタイル鉄管（HRDIP）が地震に耐えた事例

　耐震継手ダクタイル鉄管（HRDIP）に過去の地震において被害がなかったことを述べたが、どのような地盤変状に耐えたのか、その埋設地域で他の管種の被害はどうであったかなどを明らかにすることは、性能を評価するうえで重要になる。

　写真1.4.1から1.4.4に大きな地盤変状が発生した箇所に埋設されていた耐震継手ダクタイル管（HRDIP）の位置や管の状況を示す。

　写真1.4.1には1995年兵庫県南部地震において神戸市内で約1.3mの地盤沈下が発生した場所の状況と、そこに埋設されていた管路の位置を赤線で

写真1.4.1　地盤沈下
【1995年兵庫県南部地震　神戸市】

写真1.4.2　地盤沈下
【1995年兵庫県南部地震　神戸市】

写真1.4.3　側方流動
【1995年兵庫県南部地震　芦屋市】

写真1.4.4　津波による路肩崩壊
【2011年東北地方太平洋沖地震　宮古市】

示す。

　写真1.4.2には同じく神戸市内で液状化により地盤沈下が発生し、管路が35cm沈下した状況を示す。継手の屈曲により地盤沈下に管路が追随している状況がわかる。

　写真1.4.3には1995年兵庫県南部地震において芦屋市内で液状化に伴う側方流動により護岸が約２mはらみ出した場所の状況と、そこに埋設されていた管路の位置を赤線で示す。また、この管路の挙動を測定した結果を**2.2.3**に示している。

　写真1.4.4は2011年東北地方太平洋沖地震において宮古市内で路肩が崩壊した箇所に埋設されていた管路が露出した状況を示す。２条埋設されていたが、継手の屈曲により大きな変位に耐えている状況がわかる。

図1.4.6は2011年東北地方太平洋沖地震において大規模な液状化が発生した千葉県浦安市の埋立地において、一般継手ダクタイル鉄管（DIP）の被害地点を示している[13]。被害は全体で320件発生し、被害率は1.94件/kmにも達する。

　このような被害が集中した地域で、耐震継手ダクタイル鉄管（HRDIP）が青線と緑線で示す位置に約27km埋設されていたが、被害は皆無であった。このようにある程度の耐震性を有している一般継手ダクタイル鉄管（DIP）の被害が集中した箇所でも被害が皆無であり、その優れた耐震性能が立証されたと言える。

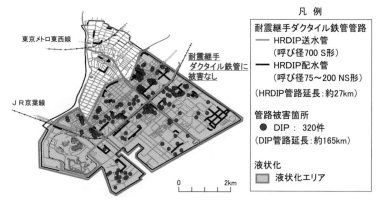

図1.4.6　DIP被害地点とHRDIPの埋設位置[13]
【2011年東北地方太平洋沖地震　浦安市】

3）自然災害に対して強靭な耐震継手ダクタイル鉄管（HRDIP）
（1）多発する自然災害による管路被害

　近年、日本列島に上陸する台風や豪雨が増加傾向にある[29]。線状降水帯の発生により驚異的な集中豪雨がもたらされるようになり、地球温暖化の影響も議論されている。また、南海トラフ地震においても大きな津波が西日本の太平洋沿岸を襲う可能性が示されている[30]。

　このような台風、豪雨、および津波などの自然災害においては、水道管路も埋設地盤の洗掘、堤防決壊や道路の盛土崩壊、地滑りなどに伴い管の流出や継手の抜け出し、および破損などの被害が多く発生している。

(2) 地震以外の自然災害に耐えた事例

　このような中、耐震継手ダクタイル鉄管（HRDIP）が台風、豪雨、および津波に伴う地盤災害に耐えた事例の報告が増加している[29]、[31]、[32]。その例を次に示す。

　写真1.4.5は2017年の台風18号において松山市内で道路が崩壊した箇所に埋設されていた2条の管路が露出した状況を示す。いずれも管路に被害はなく、断水せずに水道水を供給し続けることができた[29]、[32]。

　写真1.4.6は2018年7月豪雨において広島市内で弘法橋の橋台部が落下した箇所に添架されていた管路の状況を示す。破損などの被害は発生せず継続して送水できた。この管路は1990年に布設されたが、この地域で過去に大きな水害が発生していること、かつ配水池につながる重要管路であったことから耐震継手ダクタイル鉄管（HRDIP）が採用された。その当時に

写真1.4.5　大雨による道路崩壊
【2017年台風18号　松山市】

写真1.4.6　大雨による橋台部落下
【2018年7月豪雨　広島市】

写真1.4.7
津波による道路洗掘、コンテナ衝突
【2011年東北地方太平洋沖地震　石巻市】

おいて、自然災害対策を考慮してHRDIPを採用したことは先見の明があったと言える。

　写真1.4.7は2011年東北地方太平洋沖地震において石巻市で津波により道路が洗掘された箇所に埋設されていた管路の状況を示す[29]、[32]。重量物であるコンテナの衝突にも耐え、破損などの被害がなかったことが確認されている。

　このように耐震継手ダクタイル鉄管（HRDIP）が地震時と同じように、自然災害に対しても鎖構造管路により地盤の動きを吸収し、さらに、その強靭な管体強度によって自然災害に耐えたことがわかる。

　水道管路においても地震だけではなく台風、豪雨および津波などによる様々な自然災害に対して強靭化（HR, Hazard Resilience）を図ることの重要性が認識されるようになってきた。どのような規模の自然災害にも万能と言うわけではないが、地震対策として耐震継手ダクタイル鉄管（HRDIP）を布設すれば、同時に自然災害対策にもなり得ることが期待できる。

第1章参考文献

１）気象庁：震度データベース検索
　　（http://www.data.jma.go.jp/svd/eqdb/data/shindo/index.html）
２）気象庁：最近の被害地震一覧
　　（http://www.data.jma.go.jp/svd/eqev/data/higai/higai1996-new.html）
３）日本水道協会：水道施設耐震工法指針・解説1997年版、pp.378-400、1997.
４）日本水道協会：水道施設耐震工法指針・解説2009年版Ⅱ各論、pp.35-39、pp.234-262、2009.
５）内閣府：防災情報のページ　（http://www.bousai.go.jp/updates/index.html）
６）水道技術研究センター：阪神・淡路大震災と水道、pp.5-29、1997.
７）厚生労働省健康局水道課：東日本大震災水道施設被害状況調査最終報告書、p.1-2、pp.3-37 - 3-38、2013.
８）厚生労働省健康局水道課：平成28年（2016年）熊本地震水道施設被害等現地調査団報告書（アンケート調査結果追加版）、p.19、2018.
９）Miyajima, M. and Kitaura, M.：Earthquake Performance of Water Supply Pipelines During the Recent Earthquakes in Japan, Proceedings of Pacific Conference on Earthquake Engineering, Vol. 2, pp. 87-96, 1995.
10）細井由彦：2000年鳥取県西部地震における水道管路被害分析、水道協会雑誌、第71巻、第2号、（第809号）、pp.15-28、2002.

11）Miyajima, M. : Damage to Drinking Water Supply System in the 2018 Hokkaido Iburi-tobu Earthquake, San Fernando Earthquake Conference-50 YEARS OF LIFELINE ENGINEERING, PE12, ASCE, 2022.

12）金子正吾・鉛山敦一・戸島敏雄：2003年十勝沖地震における水道管路被害調査結果概要、ダクタイル鉄管、第75号、pp.59-68、2004.

13）日本水道協会：平成23年（2011年）東日本大震災における管本体と管路付属設備の被害調査報告書、pp.5-13、p.57、2012.

14）七郎丸一孝・宮島昌克：水道管の耐震検討における微地形分類を考慮した地盤の不均一度係数の検討、土木学会論文集A1（構造・地震工学）、68巻、4号、pp.I_790 - I_799、2012.

15）日本水道協会：1995年兵庫県南部地震による水道管路の被害と分析、p.14、pp.72-75、1996.

16）厚生労働省健康局水道課：新潟県中越沖地震水道施設被害等調査報告書、pp.31-64、2008.

17）厚生労働省健康局水道課：新潟県中越地震水道被害調査報告書、pp.48-62、2005.

18）防災科学技術研究所：地震ハザードステーション（J-SHIS）（https://www.j-shis.bosai.go.jp/）

19）水道技術研究センター：地震による管路被害予測の確立に向けた研究報告書、p.4、2013.

20）若松加寿江：日本の液状化履歴マップ745-2008、東京大学出版会、2011.

21）若松加寿江・先名重樹・小澤京子：平成28年（2016年）熊本地震による液状化発生の特性、日本地震工学会論文集、第17巻、4号、pp.4_81 - 4_100、2017.

22）産業技術総合研究所 地質調査総合センター：地震動マップ即時推定システム（QuiQuake）（https://gbank.gsj.jp/QuiQuake/）

23）防災科学技術研究所：地震速報（J-RISQ）（https://www.j-risq.bosai.go.jp/report/）

24）高田至郎・高谷富也・小川安雄・福井真二：モニタリングシステムにおける地震動補間法と精度の検証、土木学会構造工学論文集、Vol.40A、pp.1151-1160、1994.

25）永田茂・西野雅夫・鈴木清一：東日本大震災における上水道管路施設の被害分析、土木学会第67回年次学術講演会講演概要集、pp.415-416、2012.

26）厚生省：南関東大地震対策調査報告書、pp.115-117、1973.

27）国土開発技術研究センター：地下埋設管路耐震継手の技術基準（案）、pp.9-10、1977.

28）ISO16134:2020, Earthquake-resistant and subsidence-resistant design of ductile iron pipelines, pp.9-10, 2020.

29）小泉明：耐震継手ダクタイル鉄管が自然災害に耐えた事例集、水道産業新聞社, p.1、p.15、p.25、2018.

30）内閣府政策統括官（防災担当）：南海トラフ巨大地震の被害想定について（建物被害・人的被害）、pp.9-10、2019.

31）宮島昌克：九州北部豪雨による水道施設・道路の被害写真集、水道産業新聞社、p.1、2018.

32) Miura, F., Hara, T., Toshima, T. and Miyamoto, A. : Effectiveness of Water Supply Pipeline System using Ductile Iron Pipes and Seismic Resistant Joints against Heavy Rain and Typhoon Disasters in Japan, San Fernando Earthquake Conference-50 YEARS OF LIFELINE ENGINEERING, LL-WWP4, ASCE, 2022.

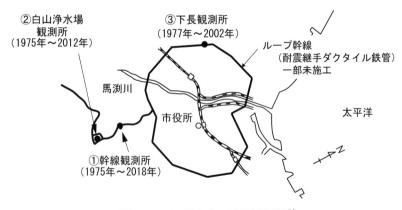

2 埋設管路の地震時挙動

2．1　地震動による管路挙動

1）八戸地震観測所

　八戸市水道部（現　八戸圏域水道企業団）では全国に先駆けてＳ形耐震継手ダクタイル鉄管を採用し、1974年から図2.1.1に示すループ幹線の布設に着手した。それに合わせて同部では、地震時における継手の伸縮や屈曲、および管体に作用する力など地震時の管路挙動を明らかにするために、1975年から1977年に図2.1.1に示す八戸市内３か所に地震観測所を設置した[1]、[2]。これらの地震観測所は最大43年間の長期にわたって計測を継続し、実際に埋設された供用中の耐震継手管路の地震挙動に関する貴重なデータを収集することができた。

図2.1.1　八戸市内の地震観測所[2]

　これら３か所の観測所の概要は次の通りである。
①幹線観測所　（稼働期間　1975年5月〜2018年9月）
　図2.1.2に幹線観測所の管路と観測装置の配置を示す。呼び径1500の直線管路に沿って48m間隔で観測装置を３か所に設置している。土質は砂質ローム層であり、地表面から深さ20m付近に工学的基盤と考えられる砂岩

層（N値50以上）がある。

②白山浄水場観測所　（稼働期間　1975年5月～2012年10月）

　図2.1.3に白山浄水場観測所の管路と観測装置の配置を示す。呼び径1200の管路であり、2か所のT字管による分岐部および構造物との取り合い部に観測装置を配置し、異形管部の観測を主な狙いとしている。土質はローム層であり、工学的基盤の深さは18mと推定される。

③下長観測所　（稼働期間　1977年8月～2002年1月）

　図2.1.4に下長観測所の管路と観測装置の配置を示す。呼び径1000の直線管路上の2か所を含む一辺60mの正三角形の頂点3か所に観測装置を設置している。この3点観測により地震波の伝播速度や管路への入射方向などが測定できる。土質は腐植土層、砂質層およびシルト層からなり、N値が概ね10以下の軟弱地盤である。また、工学的基盤の深さは約41mである。

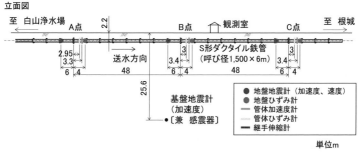

図2.1.2　幹線観測所[2]

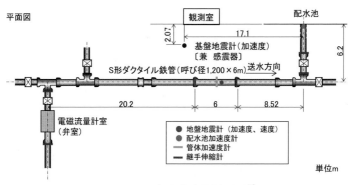

図2.1.3　白山浄水場観測所[2]

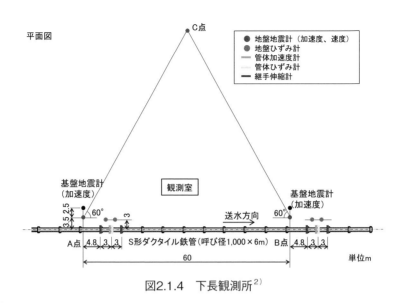

図2.1.4 下長観測所[2]

　計測内容をまとめて表2.1.1に示し、図2.1.5には計測システムを示す。
　地盤に関しては基盤加速度、管路位置での加速度と速度、および地盤ひ
ずみを計測し、管路に関しては管体加速度と管体ひずみ、および継手伸縮
量を計測した。これらの計測センサーは幹線観測所では計53チャンネル、
白山浄水場観測所では計31チャンネル、下長観測所では計42チャンネルが
設置されており同時計測ができる。設定値以上の基盤加速度が感知される
と自動的に計測と記録が開始されるようになっており、無停電電源装置も
備えている。

表2.1.1　計測内容

測定対象	設置位置	計測センサー	計測項目	計測方向	幹線観測所	白山浄水場観測所	下長観測所
地盤	幹線：地表面下25.6m 白山：地表面下27m 下長：地表面下45m	基盤地震計	基盤加速度	管軸・軸直交	Ω	Ω	Ω
	幹線：地表面下2.2m 白山：地表面下2.5m 下長：地表面下1.5m	地盤地震計	地盤加速度	管軸・軸直交	○	○	○
			地盤速度	管軸・軸直交	○	○	○
		地盤ひずみ計	地盤ひずみ	管軸・軸直交	○		○
	配水地	加速度計	加速度	管軸・軸直交・鉛直		○	
管路	幹線：地表面下2.2m 白山：地表面下2.5m 下長：地表面下1.5m	管体加速度計	管体加速度	管軸・軸直交・鉛直	○	○	○
		管体ひずみ計	管体ひずみ	管軸（上下左右）	○		○
		継手伸縮計	継手伸縮量	管軸（2or3か所）	○		○
	構造物取り合い部	継手伸縮計	継手伸縮量	管軸（2or3か所）		○	
	分岐部	継手伸縮計	継手伸縮量	管軸（2or3か所）		○	
	直管部	継手伸縮計	継手伸縮量	管軸（2or3か所）		○	

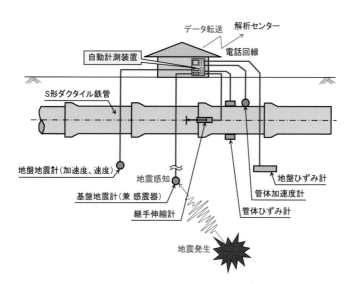

図2.1.5　計測システム[2]

2）地盤と管路に関する観測結果

　地震観測所を設置してから稼働期間中には八戸市では震度4以上の地震が54回発生したが、計測システムは当初設計通りに機能して各種のデータを得ることができた。本書では地盤と管路の挙動に関する代表的なデータを示す。

① 図2.1.6に1978年宮城県沖地震（八戸震度4）における同一断面での記録波形を示す。地盤ひずみと継手伸縮量の波形がほぼ一致している。図2.1.7には地盤ひずみと継手伸縮量のフーリエスペクトルを示しており、両者の周波数特性は一致している。これらのことから埋設された管路の動きは地盤の動きとほぼ同じであることがわかる。このことは**3.4**で述べるダクタイル鉄管の耐震計算方法が応答変位法に基づいていることの有効性を示している。

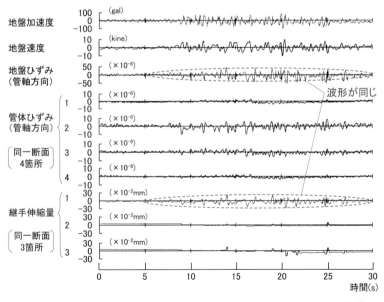

図2.1.6　記録波形（1978年宮城県沖地震、幹線観測所A点）[1)、2)]

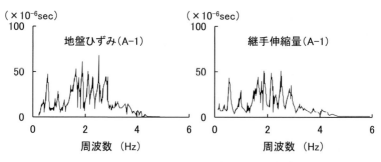

図2.1.7　地盤ひずみ、継手伸縮量のフーリエスペクトル
（1978年宮城県沖地震、幹線観測所）[1),2)]

② 1978年宮城県沖地震（八戸震度４）における幹線観測所での記録波形を用いて得られた同一時刻の地盤ひずみとその近くの管体ひずみおよび継手伸縮量の関係を図2.1.8に示す。管体ひずみと継手伸縮量の値は管の同一断面における３〜４か所の測定値の平均値を示している。地盤ひずみ ε と継手伸縮量 δ は比例関係にあり、継手伸縮量 δ は式（2.1）で表すことができる。

$$\delta = \varepsilon \times l \qquad (2.1)$$

ここに、　　δ　：継手伸縮量（m）

　　　　　　ε　：地盤ひずみ

　　　　　　l　：管長（m）

　この計算式は公益社団法人 日本水道協会（以下、日本水道協会）の「水道施設耐震工法指針・解説」の1997年版[3)]からダクタイル鉄管の継手伸縮量の簡易計算式として採用されている。

　一方、管体ひずみはある一定の値以上にはならない。これは地盤ひずみによって管体に作用する力が継手で逃がされ、管一本分の管と地盤との摩擦力しか管体に作用していないためである。

　最大管体ひずみは５ μ であり、式（2.2）により管と地盤との摩擦力は1.9kN/m^{2}と計算できる。「水道施設耐震工法指針・解説」の1997年版[3)]からダクタイル鉄管の管と地盤との摩擦力は10kN/m^{2}としているが、この値は地震時の計測結果に比べると約５倍大きく、安全側に設定されていることが分かる。

$$\tau = \frac{F}{\pi Dl} = \frac{\varepsilon_p AE}{\pi Dl} \qquad (2.2)$$

ここに、

τ ：管と地盤との摩擦力（kN/m^2）

F ：管一本に作用する力（kN）

ε_p ：管体ひずみ

A ：管の断面積（m^2）

E ：管の弾性係数（kN/m^2）

D ：管の外径（m）

l ：管長（m）

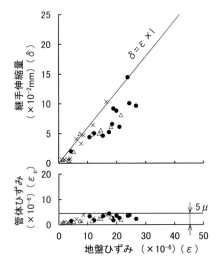

図2.1.8　地盤ひずみと継手伸縮量・管体ひずみの関係[1]、[2]
（幹線観測所）

③ 図2.1.9に幹線観測所と下長観測所で計測された最大地盤速度振幅と最大地盤ひずみを示すが、同じ最大地盤速度振幅に対して下長観測所のほうが大きな最大地盤ひずみを示している。幹線観測所の工学的基盤が浅く地盤の固有周期が0.43秒であるのに対して、下長観測所では平均N値が10以下であり、地盤の固有周期も1.31秒と長いことから、軟弱な地盤のほうが同じ地震動に対して地盤ひずみが大きいと一般に言われていることが確認できた。

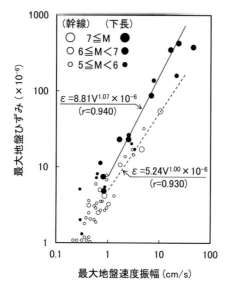

図2.1.9　最大地盤速度振幅と最大地盤ひずみ[2)]

④ 下長観測所では図2.1.10に示すように正三角形の位置にセンサーを配置しているので、同時間の記録波形の位相差によって地震波の伝播速度や管路への入射方向が推定できる。

　ここでは1978年宮城県沖地震で得られた例を示す。図2.1.11に相互相関法で求めたA→B測点およびA→C測点の位相差に対する相関係数を示す。A→B測点では位相差0.09秒が最も相関係数が高いため、0.09秒後に最も近似した波が存在することになる。ＡＢ間距離が60mで、位相差は0.09秒なのでA→B測点の伝播速度V_Bは60/0.09＝667m/sと計算できる。同様にA→C測点の伝播速度V_Cは600m/sと計算できる。

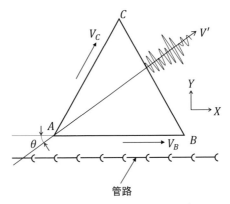

図2.1.10 地震波の入射角[1]

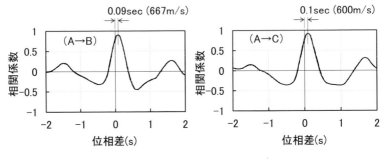

図2.1.11 位相速度の分析[1]

　地震波の実際の伝播速度V'は式（2.3）で表される。

$$V' = \frac{V}{cos\,\theta} \qquad (2.3)$$

ここに、

　　　　θ　：地震波の入射角

　　　　V　：測点間の伝播速度（V_B、V_C）

　これからこの地震での実際の伝播速度V'は605m/s、入射角θは25°と推定できる。

⑤ 図2.1.12に白山浄水場観測所で観測された1994年三陸はるか沖地震までの主な地震における、管路の分岐部AとB近くの直管部と異形管部の継手最大伸縮量をそれぞれ示す。

直管部と異形管部の継手最大伸縮量は、両者とも地盤最大加速度におおむね比例しているが、両者の大きさに差ははとんどなかった。

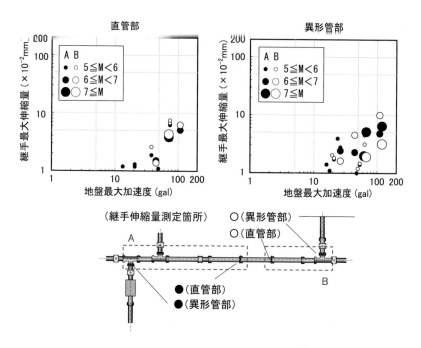

図2.1.12　地盤加速度と継手伸縮量[2)]
（白山浄水場観測所）

2.2 液状化地盤での管路挙動

2.2.1 液状化の基礎理論

1）液状化のメカニズム

　液状化とは普段は堅固な地盤であるのに、地震が発生すると液体状に変化する現象であり、液体状になった地盤よりも重い地上構造物は沈下し、それよりも軽い地中構造物は浮上する。さらに、地盤に少しでも傾斜があると液体状になっているので、低い方向へ流動する。したがって、地中に埋設されている管路は液状化によって大きな影響を受ける。

　図2.2.1は飽和砂地盤の様子を概略的に描いたものである。砂地盤が支える荷重、全応力は砂の粒子同士で支える有効応力と間隙水が支える間隙水圧からなる。全応力＝有効応力＋間隙水圧である。液状化が発生しても全応力は一定であるので、後述するように、間隙水圧が上昇した分だけ有効応力は低下し、初期の有効応力の大きさまで間隙水圧が上昇すると、有効応力はゼロとなる。この状態が完全液状化状態である。また、静水圧（初期の間隙水圧）から間隙水圧が上昇した分を過剰間隙水圧という。

　液状化の発生メカニズムを概略的に描いた図2.2.2を用いて説明する。

① 液状化の発生する土の条件は、粒径のそろった砂粒子が緩く堆積し、間隙が水で満たされていることである。間隙は大きいが、砂粒子は互いに接触していて上からの荷重を支持している。

② 地震が発生すると地盤はせん断変形を受けるので、砂粒子の接触が外

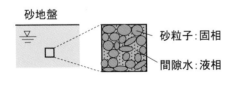

全応力 σ ＝有効応力 σ' ＋ 間隙水圧 p_w

図2.2.1　砂地盤の様子[4]

れ、砂粒子は間隙に落ちようとする。しかし、間隙は水で満たされているのですぐには落ちることができずに、粒子間で受け持っていた支持力を間隙水が受け持つことになる。すなわち、有効応力が減少し、間隙水圧が上昇する。地震中にすべての砂粒子の接触が外れると、砂粒子は水中に浮遊した状態となり、有効応力がゼロとなり、せん断抵抗力を失い地盤全体が液体状となる。これが液状化状態である。

③ さらに地震動が継続すると、間隙水が排水され、間隙に砂粒子が入り込むことにより砂粒子の接触が回復するとともに、排水された間隙水の分だけ地盤が沈下することになる。

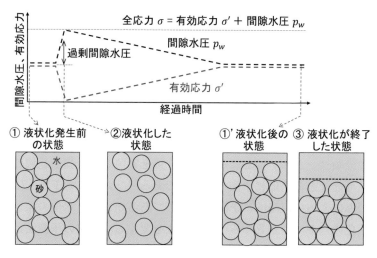

図2.2.2　液状化の発生メカニズム

　2011年東北地方太平洋沖地震のような巨大地震を除けば、地震動の継続時間は30秒から1分程度である。一方、液状化の継続時間は液状化層の厚さにもよるが、地震動の継続時間よりも十分に長く数時間のオーダーであるので、図2.2.2の②から③に移るとは考えにくい。②の状態で地震動は止んでしまうので、振動により地盤が十分に締め固められることはなく、海底に砂が堆積するかのように②から静かに砂粒子が堆積し、①に近い状態（①'）になると考えられる。したがって、一度液状化した地盤でも、本震

より小さな余震で再び同じ場所で液状化が発生することがあり、再液状化と呼ばれている。このことから、過去に液状化が発生した場所は、将来の地震で再び液状化が発生する可能性が高いので、注意が必要である。

2）液状化の予測方法

　液状化発生の予測法には、予測精度は十分ではないが簡便なものから、費用や時間を要するが予測精度の高いものまで、数多く提案されてきており、予測の目的によって使い分けることができる。予測法を大別すると以下のようになる。

　① 地形・地質や液状化履歴をもとにした概略の予測法
　② 一般の土質調査、試験結果をもとにした簡易な予測法
　③ 室内試験や地震応答解析を行う詳細な予測法
　④ 模型振動台実験や原位置液状化試験を行う特殊な予測法

　表2.2.1に地形・地質や液状化履歴をもとにした概略の予測法を示す[5]。前述したように再液状化が発生しうるので、液状化履歴地点は液状化の可能性が高いといえる。表2.2.2は、国土交通省が提示している「国土数値情報土地分類メッシュ」における微地形分類を参照して、当該地域の液状化の発生可能性を概略的に予測するものである[6]。これらの予測法は地形・地質のみによって概略的に予測するものであるが、地下水位の深さによって液状化のしやすさが異なるので、注意を要する。概略の予測法は簡易、

表2.2.1　地形・地質、液状化履歴による概略の液状化予測法[5]

液状化の可能性	地形から見た判定	液状化履歴から見た判定
（A）可能性が高い	・埋立地、水面上の盛土地 ・現、旧河道 ・発達が微弱な自然堤防 ・砂丘と低地の境 ・砂丘間低地	液状化履歴地点
（B）場合によって可能性あり	上記以外の低地	液状化履歴がない地点
（C）可能性が低い	・台地 ・丘陵 ・山地	液状化履歴がない地点

表2.2.2　微地形分類による概略の液状化予測法[6]

液状化の可能性の程度		微地形分類
極大	非常に大きい	埋立地、盛土地、旧河道、旧沼地、蛇行洲、砂泥質の河原、人工海浜、砂丘間低地、堤間低地、湧水地点
大	大きい	自然堤防、湿地、砂州、後背湿地、三角州、干拓地、緩扇状地、デルタ型谷底平野
小	小さい	扇状地、砂礫質の河原、砂礫洲、砂丘、海浜、扇状地型谷底平野
無	無し	台地、丘陵、山地

あるいは詳細な予測を行うか否かを考えるための１次スクリーニングと考えるのがよい。

　一般の土質調査、試験結果をもとにした簡易な予測法は、限界N値法とF_L値法に大別することができる。限界N値法は、現位置で測定したN値が、ある定められたN値よりも小さいと液状化の可能性があると判定する方法で、小泉の方法[7]、岸田の方法[8]、Seedらの方法[9]などがある。F_L値法は、地盤のある深さの動的せん断強度比Rと地震時に加わる繰り返しせん断力比Lとの比$R/L = F_L$を液状化安全率と呼び、1.0以下であると液状化の可能性があると判断する方法で、岩崎・龍岡の方法[10]、時松・吉見の方法[11]、Seedらの方法[12]などがある。

「水道施設耐震工法指針・解説」（2009年版）[13]では液状化の判定法として岩崎・龍岡によるF_L値法が示されている。同指針・解説においては液状化の判定を行う必要がある砂質土層として以下の３つの条件がすべて該当することとなっている。

① 地下水位が現地盤面から10m以浅にあり、かつ、現地盤面から25m以内に存在する飽和土層

② 細粒分含有率FCが35％以下の土層、または、FCが35％を超えても塑性指数IPが15以下の土層

③ 50％粒径D_{50}が10mm以下で、かつ、10％粒径D_{10}が１mm以下である土層

　上記の３つの条件がすべて該当する場合にはレベル１地震動、レベル２地震動に対して、前述した液状化安全率F_Lを算出することになる。

　液状化安全率F_L値は地中のある点が液状化する危険性があるか否かを判断するものであるが、地表面のある地点において、その地点で液状化が発生するのか、発生するとしたらその程度はどれくらいであるかを示す指標として、液状化指数P_L値がある。液状化ハザードマップを作成する場合などに用いられる指標である。過去の地震の事例から液状化が発生している地層は20mよりも浅い地層であると言われており、浅い地層で液状化が発生するほど地表面に及ぼす影響が大きいので、液状化指数P_L値は、式（2.4）で表されるように1.0から液状化安全率F_L値を引いたものを、深さの重みをつけて地下20mまで積分したものである。

$$P_L = \int_0^{20} F \times w\,(z)\,dz \qquad (2.4)$$

ここに、
$\quad F = 1 - F_L \quad （F_L < 1.0）$
$\quad F = 0 \quad （F_L \geq 1.0）$
$\quad w\,(z) = 10 - 0.5z$
$\quad z：地表からの深度（m）$

求められたP_L値から、その地点での液状化の危険度が表2.2.3のように判定される。

表2.2.3　液状化の危険度の判定

P_L値	液状化の危険度
$15 < P_L$	液状化の危険度が高い
$5 < P_L \leqq 15$	液状化の危険度がやや高い
$0 < P_L \leqq 5$	液状化の危険度は低い
0	液状化の危険度は極めて低い

２．２．２ 液状化地盤での管路挙動実験
１）管模型による基礎実験
（１）目的
　液状化が発生すると地盤沈下や側方流動など大きな地盤変形が発生するので、管路に発生する静ひずみが管体破損に直結することになる。継手の動特性を考えるときには動ひずみが重要となるので、まず、液状化過程における管体ひずみを考える。

（２）実験方法
　図2.2.3に示すように直径20mmの丸棒ゴムからなる管模型を緩詰めの飽和砂地盤に両端自由の条件で埋設し、管軸方向に正弦波加振した時の管中央部の上下（Ａ１、Ｃ１）、左右（Ｂ１、Ｄ１）のひずみと地盤の過剰間隙水圧を測定した[14]。

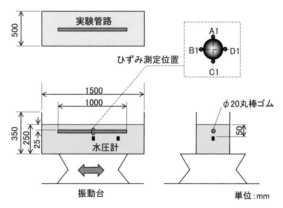

図2.2.3　両端自由管路の液状化振動実験概略図[14]

（３）実験結果
　管中央部のひずみと地盤の過剰間隙水圧の経時変化を図2.2.4に示す。過剰間隙水圧が上昇するときに管のひずみ振幅、すなわち動ひずみが大きくなっていることがわかる。また、過剰間隙水圧が減少し始め、過剰間隙水圧の動振幅が大きくなっているときにも管の動振幅が若干大きくなっている（図中のＡ部）。このような模型実験から、液状化に至る過程の不完全

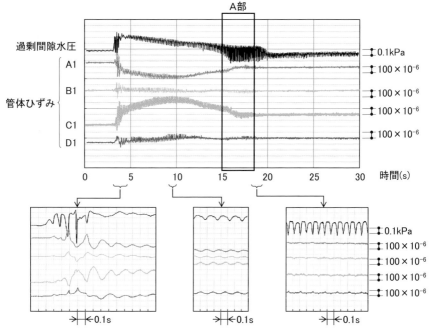

図2.2.4 管軸方向加振時の過剰間隙水圧と管のひずみ

液状化時および液状化後の砂の再堆積時に大きな動ひずみが発生すること
が明らかになった。動ひずみの発生要因として次の3つを考えることがで
きる。

　① 地盤中をせん断波が伝播する割合
　② 地盤のひずみが管に伝わる割合
　③ 地盤―管よりなる振動系の振動のしやすさ

　①は、完全液状化時には地盤はあたかも液体のように振舞うので、せん
断波はほとんど伝播されない。したがって過剰間隙水圧が上昇するほどこ
の割合は減少する。②は、液状化の進行に伴って有効応力が減少すること
により、摩擦力が減少し、管と周辺地盤の間ですべりが生じやすくなるの
で、過剰間隙水圧が上昇するほど、この割合も減少する。③は、地盤の軟
化に伴って地盤―管よりなる振動系が振動しやすくなるので、過剰間隙水
圧が上昇するほど振動しやすさは上昇する。液状化過程における管の動ひ

ずみの発生は、この３要因の積の形でとらえることができる。さらに③の要因の１つとして、外力との共振についても考慮する必要がある。以上のことより、液状化に至る過程の不完全液状化時および液状化後の砂の再堆積時に大きな動ひずみが発生することを説明することができる。しかし、実際の地震時には液状化後の砂の再堆積時にはすでに地震動が止んでいるので、砂の再堆積時の動ひずみの増大は考えなくてもよい。したがって、実際の地震時には完全液状化に至る前の不完全液状化時に発生する大きな動ひずみに注意を払う必要があるといえる。

２）地盤沈下に対する実験
（１）目的
　構造物近傍では、液状化により地盤沈下が発生すると構造物と管路の間で相対変位が生じるために、管路設計では注意を要する箇所である。そこで大型せん断土槽内に液状化を発生させ、耐震継手ダクタイル鉄管（HRDIP）の構造物近傍での管路挙動を調査した[15]。

（２）大型液状化再現装置
　実験には図2.2.5に示す科学技術庁防災科学技術研究所（現　防災科学技術研究所）が開発した大型液状化再現装置を使用した。この装置は振動台

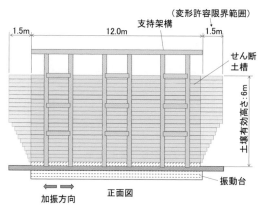

図2.2.5　大型液状化再現装置[15]

とせん断土槽（高さ6m、長さ12m、幅3.5m）で構成されている。せん断土槽は19層からなる層状になった側壁が中の土と同じように動くので側壁から反力を受けないために、現実の地盤の挙動に近い状態を再現できる。

（3）実験管路

　実験には呼び径150のSⅡ形耐震継手ダクタイル鉄管を使用し、管内には錘を固定して管の比重を充水状態に等しくした（比重2.5）。実験管路を図2.2.6に示す。管路1は構造物との接合部で、伸縮・離脱防止機構を有する管と継ぎ輪を組み合わせて配管してあり、構造物との接合部における管路の地盤沈下対策としては一般的なものである。管路2は直管を直接構造物に取り付けた管路であり、両者の挙動を比較した。

　構造物を想定した架構は土槽上部の支持架構から土槽内に添架して土の動きの影響を受けないようにした。試験には密度2.7g/cm^3、自然含水比5.71、50％粒径0.311mmの砂を使用し、水中落下法で飽和砂地盤を作成した。

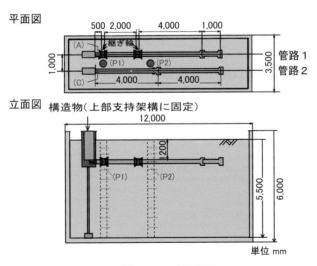

図2.2.6　実験管路

（4）加振条件

　1995年兵庫県南部地震の際に神戸海洋気象台で観測されたＮＳ方向の波形で管軸方向に最大350galの加振を行い、管体の発生応力や地盤の過剰間隙水圧などを測定した。

（5）実験結果

① 図2.2.7に加振時の振動台加速度、構造物近く（図2.2.6のＰ１点）における地盤の過剰間隙水圧、および構造物近傍（図2.2.6のＡ、Ｃ点）での管頂部（A1、C1）の管体応力の測定結果を示す。いずれの管路においても過剰間隙水圧の上昇とともに管体応力が上昇し、過剰間隙水圧がほぼ一定になった時点で管体応力も最大になった。また、管路１では加振終了後には管体応力が減少しているのに対して、管路２では減少せずにほぼ最大値と同じままであった。

② 図2.2.8に最大管体応力の分布を示す。管路２での最大管体応力は54N/mm^{2}であったのに対して、管路１では4.6N/mm^{2}と小さかった。管路

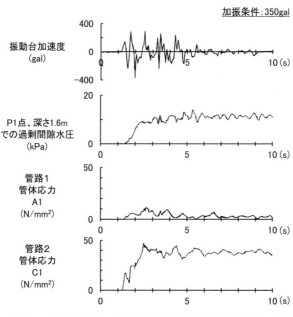

図2.2.7　実験結果（加速度、過剰間隙水圧、管体応力）

2では構造物に直結している管で最大応力が発生し、2本目の管には大きな応力は発生していなかった。

③ 図2.2.9に加振後の地盤沈下量と継手の屈曲角度、伸縮量および管路端

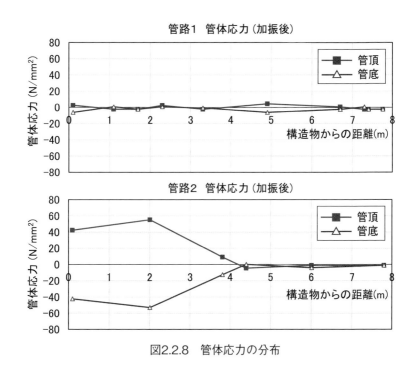

図2.2.8　管体応力の分布

図2.2.9　加振後の管路状況

部での管路の沈下量の測定結果を示す。地盤が54cm沈下したのに対して管路1では管路端部が51cm沈下して地盤沈下に良く追従していたのに対して、管路2では34cmと管路1より沈下量が小さく、地盤沈下に十分追従していたとは言えない。

④ このように、構造物との接合部に継ぎ輪を使用すると管路が地盤沈下によく追従し発生応力も小さくなり、この液状化に伴う地盤沈下対策としての有効性が検証できた。

（6）液状化した地盤での地盤反力係数の推定

　液状化した地盤においては地盤の支持力が失われるために、地盤反力係数が低下する。ここでは、3.62）で説明するFEM解析を使用してこの実験結果と良く一致する地盤反力係数を求め、液状化した地盤での地盤反力係数を推定した。

　図2.2.9に示す管路2の状態を対象とした。図2.2.10の上部に示すように管路端部が34cm沈下し、構造物からの距離が2mの位置で管体応力は54N/mm^{2}であった。通常地盤の地盤反力係数を14,700kN/m^3（N値2相当）として、地盤反力係数がその値の1/10、1/100、1/1000、1/10000の場合の

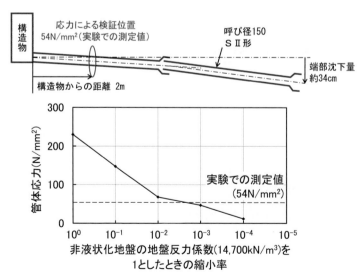

図2.2.10　地盤反力係数を変えた場合の管体応力の計算結果

管体応力を計算した結果を図2.2.10に示す。ＦＥＭ解析で管体応力が54N/mm²となるのは、地盤反力係数が通常地盤の約1/1000とした場合であった。この結果から、液状化した地盤では地盤反力係数が大きく低下することが確認できた。

3）　側方流動地盤での実験

（1）目的

　地盤の液状化による地盤変状として地盤沈下に加えて側方流動も考慮する必要がある。そこでせん断土槽内に液状化に伴う側方流動を発生させ、耐震継手ダクタイル鉄管（HRDIP）の側方流動発生地盤中での挙動と管体に作用する力を調査した[16]。

（2）実験装置

　図2.2.11に実験装置を示す。農林水産省農業工学研究所（現　国立研究開発法人　農業・食品産業技術総合研究機構　農林工学研究所）が所有する６ｍ×４ｍの振動台に長さ４ｍ×高さ２ｍ×幅１ｍのせん断土槽を載せ

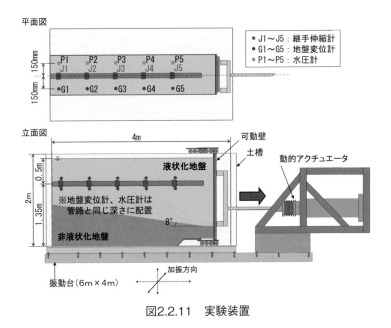

図2.2.11　実験装置

て加振を行い土槽内に液状化を発生させた。土槽中の地盤は上下2層として、上層は相対密度40%の液状化地盤であり、豊浦砂を用いて水中落下法で作成した。下層は非液状化地盤であり、その間は8°の傾斜角を設けて液状化した地盤の流動性を高めた。液状化発生後に可動壁を動的アクチュエータで定速で引っ張り、側方流動を発生させた。

（3）実験管路

　5本の耐震継手ダクタイル鉄管（呼び径75×管長600mm）を布設した。継手は耐震継手をモデル化した構造であり、離脱防止機構と10mmの継手伸び量を有する。各継手に取り付けたロードセルと変位計により、継手に作用する力と継手伸び量を測定した。

（4）実験条件

　正弦波（5 Hz, 300gal）で振動台を管軸直角方向に約80秒間加振し、加振開始後15秒後に可動壁を10mm/sの速度で260mm後退させ、管路の軸方向に側方流動を発生させた。

（5）実験結果

① 図2.2.12に継手J1からJ5までの継手伸び量を示す。J2、J4、J3、J1、J5の順に継手は離脱防止状態になり、管路全体で地盤変位を吸収していることがわかる。

② 図2.2.13に継手J1～J4の水平移動量および継手近くの地盤（G1～G4）の水平移動量の測定結果を示す。いずれの位置でも地盤変位のほうが管の変位より大きく、流動開始直後から管と地盤の間に滑りが発生していたことがわかる。

③ 継手J2および継手J5に作用する力の測定結果を図2.2.14に示す。継手に作用した最大の力は継手J5で1.2kNであった。継手J5が離脱防止状態になった時にはすべて継手が離脱防止状態になっているので、継手J5に作用する力は管路全体に作用する力に等しい。飽和砂地盤で管を引き抜いた場合の抵抗力は管路全体で10kNであり、液状化した地盤で管に作用する力が小さいことがわかる。

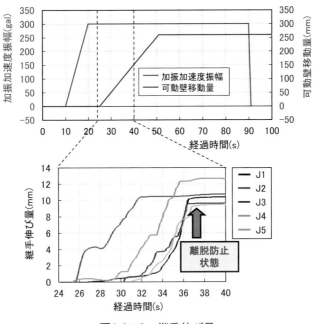

図2.2.12　継手伸び量

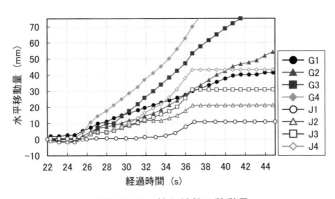

図2.2.13　管と地盤の移動量

④ 継手J5での経過時間25秒から40秒までの過剰間隙水圧と継手に作用する力のデータを用いて、地盤の有効応力と管に作用する力の関係を求めたものを図2.2.15に示す。有効応力比は、有効応力／全応力（初期上載圧）で無次元化し、管体に作用する力も初期状態での値で無次元化している。

有効応力が大きくなると管に作用する力も大きくなり、一方、有効応力が小さく液状化している状態では管に作用する力はきわめて小さいことがわかる。

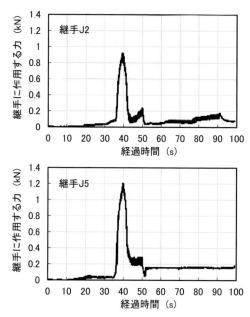

図2.2.14　継手に作用する力の測定結果（J2、J5）

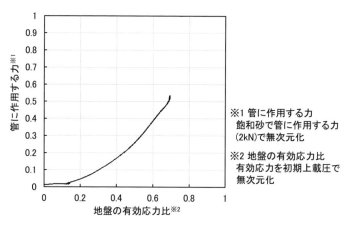

※1 管に作用する力
　　飽和砂で管に作用する力
　　（2kN）で無次元化

※2 地盤の有効応力比
　　有効応力を初期上載圧で
　　無次元化

図2.2.15　地盤の有効応力と管に作用する力

2．2．3　地震後の管路挙動調査
1）調査場所と調査方法
（1）調査場所

　耐震継手ダクタイル鉄管（HRDIP）では、1995年兵庫県南部地震や2011年東北地方太平洋沖地震をはじめとする5つの大きな地震の後に、液状化発生地域で地盤沈下や側方流動が発生した箇所、さらに盛土が崩壊した箇所に埋設されていた管路の継手伸縮量や継手屈曲角度などが、これまで図2.2.16に示す13か所で計測されてきた。

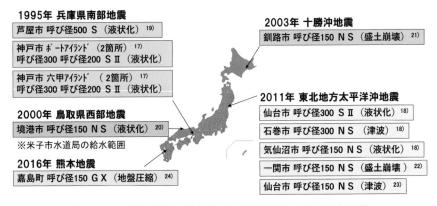

図2.2.16　液状化発生地域等での耐震管路の挙動調査実績

（2）調査方法

　多くの場合は図2.2.17に示すように管路内にTVカメラを挿入し、管内から上下左右4か所の受口と挿し口の間の距離 δ（胴付隙間）を測定し、継手伸縮量と式（2.5）〜（2.7）から継手屈曲角度を算出した。

$$\theta_1：継手屈曲角度（上下）＝\tan^{-1}\left(\frac{\delta_上 - \delta_下}{D_0}\right) \quad (2.5)$$

$$\theta_2：継手屈曲角度（左右）＝\tan^{-1}\left(\frac{\delta_右 - \delta_左}{D_0}\right) \quad (2.6)$$

$$\theta：継手屈曲角度（合成）＝\cos^{-1}\left(\cos\theta_1・\cos\theta_2\right) \quad (2.7)$$

ここに、

D_0：管内径

δ ：胴付隙間

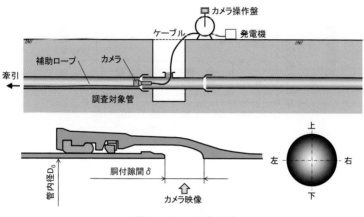

図2.2.17　調査方法

２）調査結果の例

（１）1995年兵庫県南部地震　神戸市ポートアイランド[17)]

　1995年兵庫県南部地震において液状化の発生した神戸市ポートアイランドにおける呼び径300ＳⅡ形耐震継手ダクタイル鉄管の継手伸縮量の測定結果を図2.2.18に示す。調査した管路延長は60mであった。全部で10個の継手のうち、起点側から５個の継手が最大まで伸び切った離脱防止状態にあり、その他の継手ではほとんど伸縮していない継手もあった。

　各継手の伸縮量を加算すると管路全体の伸び量が435mmであり、管路の伸び率は0.8%である。管路全体は管路長の１％まで伸びることができるので、まだ伸縮量に余裕のあることがわかる。

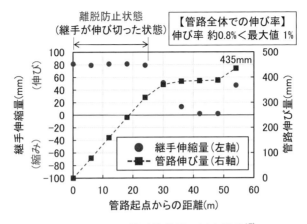

図2.2.18　継手伸縮量の測定結果[17]

（2）2011年東北地方太平洋沖地震　仙台市若林区[18]

　2011年東北地方太平洋沖地震において液状化の発生した仙台市若林区における呼び径300ＳⅡ形耐震継手ダクタイル鉄管の継手伸縮量の測定結果を図2.2.19に示す。調査した管路延長は80mであった。起点から２番目、３番目の継手が最大まで伸び切った離脱防止状態にあり、４番目の継手が60%程度伸び出しているが、その他の継手はほとんど動いていない。

　この管路の伸び率は約0.3%であり、最大値の１％に対してまだ伸縮量に余裕のあることがわかる。

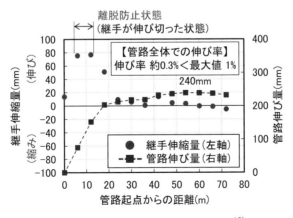

図2.2.19　継手伸縮量の測定結果[18]

（3）1995年兵庫県南部地震　芦屋市芦屋浜　（側方流動）[19)]

　芦屋浜は埋立地であり1995年兵庫県南部地震においては液状化に伴い、護岸部では側方流動が発生した。

　写真1.4.3に示す護岸に沿って埋設されていた呼び径500S形耐震継手ダクタイル鉄管の水平方向継手屈曲角度から求めた管路の管軸直交方向移動量と、濱田ら[25)]による航空写真測量を用いて得られた地盤変位の管軸直交方向の値を図2.2.20に示す。

　起点側から150mの間では管路が護岸側に移動し、150mから230mの間では内陸側に移動しており、地盤水平変位と管路の移動量が概ね一致している。

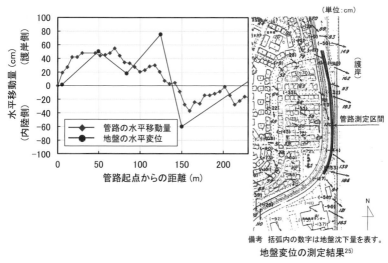

備考　括弧内の数字は地盤沈下量を表す。
地盤変位の測定結果[25)]

図2.2.20　管の移動量と地盤変位の測定結果[19)]

3）管路変位と地盤変位の関係

　1995年兵庫県南部地震において液状化が発生したポートアイランドおよび六甲アイランドにおける管路の軸方向変位の測定結果と、濱田ら[25)]による航空写真測量を用いた地盤変位のデータを比較したものを図2.2.21に示す。平均地盤ひずみは当該管路の近くにある地盤変位データの管軸方向成分の傾きとした。

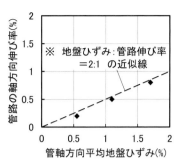

図2.2.21　地盤ひずみと管路の伸び率

　管路の軸方向伸び率は地盤ひずみの約半分であり、管路が液状化した地盤に対して滑っていることがわかる。

　これらの液状化した地盤における管路挙動の測定結果から次のような知見が得られた。
　①　一部の継手が最大まで伸縮している一方で、動いていない継手もあることから、地盤の動きは一様ではなく一部に集中する可能性がある。
　②　地盤の動きが一部に集中しても、鎖構造管路では管路全体としてその地盤変位を吸収できる。
　③　管路全体の伸び率は最大値１％よりも小さく、管路全体としてはさらに伸縮できる余裕がある。
　④　液状化した地盤においては管路の伸び率は地盤ひずみの約半分程度である。

４）盛土部での管路挙動調査結果[22]

　液状化が発生した場所ではないが、継手が圧縮側にも大きく動いた事例として道路の盛土部での管路挙動調査結果も示す。2011年東北地方太平洋沖地震において一関市内では建設中の国道バイパスの盛土部に亀裂や沈下等が発生した。その場所に埋設されていた呼び径150ＮＳ形耐震継手ダクタイル管路の継手伸縮量および管路の上下方向の移動量を測定した。

① 継手伸縮量及び管路伸縮量

　図2.2.22に継手伸縮量および起点Aから各継手の伸縮量を加算して求めた管路伸縮量を示す。図中のB点とC点の間は橋梁添架部であり測定していない。

　起点AからB点までの区間では、起点から30mの地点で道路が沈下しており、その近くでは３か所の継手が連続して最大まで伸びていた。一方、橋梁近く（B点）では縁石の割れ等道路の圧縮が発生しており継手も圧縮方向に動いていた。この区間の管路の伸び量は15mm、伸び率で0.013%とわずかであった。

　C点からD点の区間では起点から200m〜260mの区間で幅50cmの縦断亀裂が発生しており、C点近くでは３つの継手が最大まで伸び、その先では２つの継手が最大まで縮んでいた。この区間の管路の伸び量は220mm、伸び率で0.18%とわずかであった。

　このように盛土部の大きな地盤変状に対しても、継手部の伸縮により管路全体としての伸縮は最大伸縮量の１％に比べてごくわずかであることが確認できた。

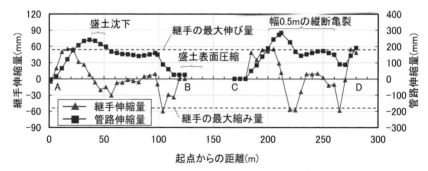

図2.2.22　継手伸縮量および管路伸縮量[22)]

② 鉛直方向の変位

　図2.2.23に管路と地盤の鉛直方向の変位を地震前の測量結果を基準にして示す。A−B区間では地盤が沈下していたが、管路と地盤の変位は概ね一致していた。C−D区間では傾向は同じながら、管路変位に対して地盤変位のほうが大きかった。これは縦断亀裂に伴い地盤が沈下したためと考

えられる。

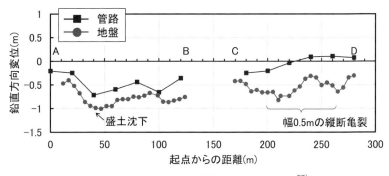

図2.2.23　管路と地盤の鉛直方向変位[22]

２．３　断層変位による管路挙動

１）断層の動き

（１）断層の分類

　断層は縦ずれ断層と横ずれ断層に大別される。縦ずれ断層は断層の傾斜方向に沿って主として上下にずれているもので、正断層と逆断層がある。図2.3.1に示すように、正断層は左右に引張り力が作用することにより断層の一方の岩盤が下方に動いたものである。一方、逆断層は左右に圧縮力が作用することによって断層の一方の岩盤が上方にずり上がったものである。横ずれ断層は岩盤が水平方向にずれたもので、岩盤の一方の地上に立って他方の岩盤を見たときに、向かい側の岩盤が右側にずれた断層を右横ずれ断層、左側にずれた断層を左横ずれ断層と呼ぶ。我が国の国土には主として東西方向の圧縮力が作用しているので、東北地方などでは逆断層が卓越し、中国地方などでは横ずれ断層が卓越している。しかし、縦ずれ、横ずれに明確に分類できる場合もあれば、両成分が混在しているものも多い。

　地下の岩盤がずれる、すなわち断層がずれることで地表面までずれが到達したものを地表面断層と呼び、地表面までずれが到達せずに、たわみとして緩やかな地盤変形が生じる場合を撓曲と呼んでいる。図2.3.2に示すように、ずれが地表面付近まで到達するか否かで、管路に与える影響は異なってくる。

　また、岩盤のずれが地表面に達する経路は様々であり、地表面近くに達

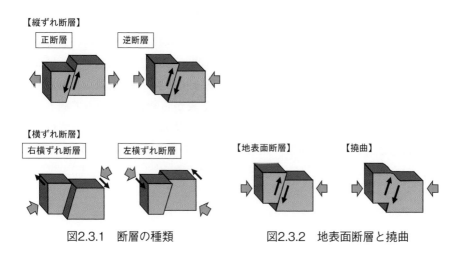

【縦ずれ断層】

正断層　　　逆断層

【横ずれ断層】

右横ずれ断層　　左横ずれ断層　　　【地表面断層】　　　【撓曲】

図2.3.1　断層の種類　　　　　図2.3.2　地表面断層と撓曲

する断層の位置を精度よく予測することは特に縦ずれ断層では困難である。

　公益社団法人　土木学会（以下、土木学会）地震工学委員会では、想定されていた断層線と過去の地震において実際に出現した断層線との距離（離隔）を6地震、7断層について調査している[26]。この離隔の頻度分布を断層毎に整理した結果を図2.3.3に示す。全部で644箇所のデータ中約72%が100m以内に分布しており、断層を横断する管路を設計するうえでは100m程度のずれは考慮する必要があり注意を要する。

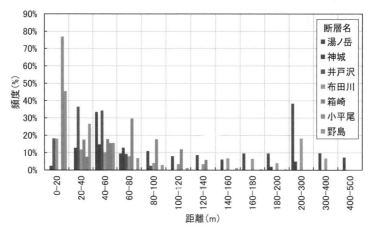

図2.3.3　断層線の離隔[26]

（2）断層パラメータ

　断層の形状を表すパラメータとしては、図2.3.4に示すように、長さL、走向θ（断層面が地表を切る線を北から測った方位）、伏角δ（断層面の最大傾斜線が水平面となす角）、断層上縁までの深さd（地表から断層面に沿って測る）、断層下縁までの深さD（地表から断層面に沿って測る）が主に使われている。また、断層のずれ量に関するパラメータとしては、一方の岩盤から反対側の岩盤の相対的な動きである変位ベクトルΔuがあるが、鉛直変位、水平変位に分けて表すことも多い。

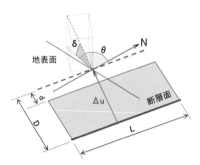

図2.3.4　断層パラメータ

（3）断層変位の大きさ

　産業技術総合研究所の活断層研究センターでは、2005年から活断層データベースを公開している[27]。2021年6月現在までに公表されているデータをもとに過去の地震における断層変位に関して0.5mピッチごとに出現度

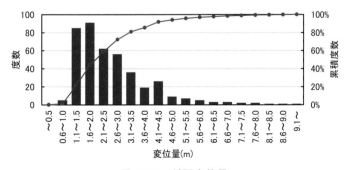

図2.3.5　断層変位量

数およびその累積度数を整理したものを図2.3.5に示す。1.1mから2.0mの断層変位の出現度数が最も大きく、累積度数で見ると、出現した断層の約45%が2m以下の断層変位であり、約75%が3m以下の断層変位であった。

2）逆断層による管路挙動実験[28]
（1）目的
　逆断層横断部の耐震継手ダクタイル鉄管（HRDIP）の管路挙動を明らかにするため、実管路を用いた土槽実験を行った。

（2）実験方法
　図2.3.6に実験装置の概要を示す。長さ15m×幅0.8m×高さ1.3mの土槽が中央で60°の傾斜角で分割されている。土槽の側面にガイドレールを設置し、片方（図中右側）の土槽をガイドレールに沿って落下させることで、断層角60°、断層変位0.346m（鉛直方向0.3m、水平方向0.173m）の逆断層を再現できる。

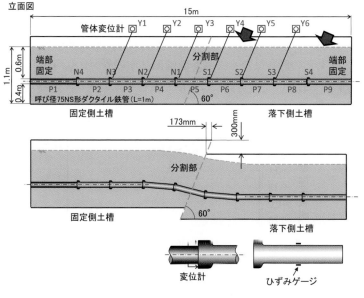

図2.3.6　実験装置

（3）実験管路

　実験装置に、管長1mの呼び径75NS形耐震継手ダクタイル鉄管を土被り0.6mで既定の伸縮量を確保した状態で配管した。管は固定側から順にP1～P9の9本である。継手は固定側土槽の断層に近いほうからN1、N2、N3、N4、落下側土槽の断層に近いほうからS1、S2、S3、S4の8箇所である。

　各継手部と上部の固定点の間に変位計（Y1～Y6）を取り付け、土中の継手部の移動量を測定した。各継手には上下2か所に変位計を取り付け、継手伸縮量及び上下方向の継手屈曲角度を測定した。断層近くでは管体中央部においてひずみゲージにより管体ひずみを測定し、管体応力を算出した。

（4）実験条件

　地盤は50%粒径0.92mmの砂地盤であり、30cm埋め戻すごとに転圧を行いN値15程度の硬さに調整した。

（5）実験結果

① 図2.3.7に断層変位後の鉛直方向の継手の位置を示しており、管路は断層を挟んでほぼ対称の形状になっていることがわかる。固定側端部2本の管（P1、P2）は上下の動きはなく、落下側端部2本の管（P8、P9）は地盤と一緒に落下しており、鉛直方向には断層を挟む5本の管（P3～P7）の動き

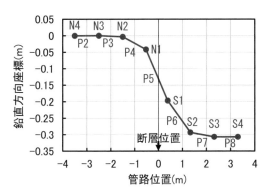

図2.3.7　断層変位後の継手位置

で断層変位を吸収している状況がわかる。

② 図2.3.8に断層周辺の継手縮み量の測定結果を示す。断層が動き始めると、断層直近の継手S1、N1がまず縮み始め、最大まで縮むと隣の継手S2、N2が縮み、さらに最大に達すると隣の継手S3が縮んでいた。鎖構造管路が大きな地盤変位を吸収する状況が確認できた。

③ 図2.3.9に継手屈曲角度の測定結果を示す。継手伸縮量と同様、断層直近の継手S1、N1がまず屈曲し始め、次に隣の継手S2、N2が屈曲していた。

④ 断層周辺の管P3〜P7の中央部で計測した管体応力を図2.3.10に示す。断層を挟んで固定側（図中左側）の管（P4、P3）と落下側（図中右側）の管（P6、P7）には正負（引張り、圧縮）対称の管体応力が発生していた。

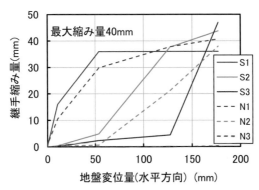

図2.3.8　継手縮み量の測定結果

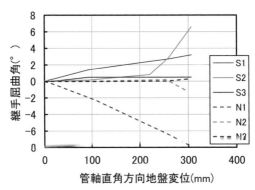

図2.3.9　継手屈曲角度の測定結果

また、断層直近の管P4、P6に発生した管体応力のほうが隣のP3、P7の管体応力より大きかった。このことから、管体の発生応力が主に継手屈曲による曲げモーメントによって発生していることがわかる。

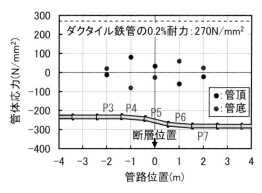

図2.3.10　管体応力の測定結果

3）横ずれ断層による管路挙動実験[29]、[30]、[31]

（1）目的

　米国コーネル大学の大型実験装置を使用して、横ずれ断層に対する耐震継手ダクタイル管路（HRDIP）の挙動を調査した。この実験では管路に水圧を負荷して実際の使用状況を再現するとともに、断層変位によってすべての継手が伸び切った状態になった後の状況、いわば限界性能を超えた状態での管路の挙動も調査した。

（2）実験装置

　実験装置の概要を図2.3.11に示す。長さ12.1m×幅3.2m×高さ2.5mの土槽の中央部が50°の傾斜角度で2分割されている。左側の部分がこの傾斜角に沿ってアクチュエータによって定速で平行移動でき、断層角50°の横ずれ断層を再現できる。

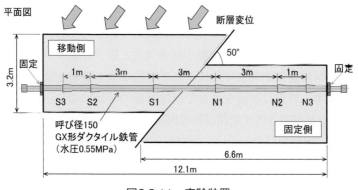

平面図

移動側

断層変位

50°

固定

3.2m

1m　　3m　　　3m　　　3m　　1m

S3　　S2　　　S1　　　N1　　　N2　　N3

固定

呼び径150
GX形ダクタイル鉄管
（水圧0.55MPa）

固定側

6.6m

12.1m

図2.3.11　実験装置

（3）実験管路

図2.3.11に示す位置に呼び径150ＧＸ形耐震継手ダクタイル鉄管を土被り
0.76ｍで設置した。管は７本であり、管長は両端が１ｍ、その他は３ｍとし、
継手数は６個（Ｓ３、Ｓ２、Ｓ１、Ｎ１、Ｎ２、Ｎ３）になる。呼び径150の
ＧＸ形継手は真直状態で60mm伸縮できるが、この実験では継手を予め圧
縮状態にして120mmの伸び量とした。これは実験装置で再現できる最大
の断層変位において、継手の屈曲角度や伸び量が限界を超えるような条件
として設定した。

また、管路の両端は土槽壁に固定されている。両端はフリーとして管路
が移動できるようにするのが鎖構造管路の実際の挙動に近いが、ここでは
継手が限界性能を超えた場合の状況を調べるために、土槽内の継手だけで
断層変位を吸収するという厳しい条件とした。

（4）実験条件

地盤は含水比3.7%、50%粒径0.59mmの砂地盤である。管路内には0.55MPa
の水圧を負荷し、土槽を0.1m/sの速度ですべての継手が伸び出すまで移動
させ、その時点で漏水の有無を確認した。その後漏水が発生するまで土槽
を移動させた。

（5）実験結果

① 写真2.3.1に断層変位が最大に達した後に砂を除去して管路を露出させた状況を示す。また、図2.3.12には継手屈曲角度と継手伸縮量から継手の位置を計算し、断層変位が増加するにつれて管路が動き断層変位に追従している状況を示す。管路は断層を挟んでほぼ対称の形状になり、断層変位が大きくなるにつれて動き出す範囲が断層箇所から左右に拡がる状況がわかる。

② 図2.3.13に継手伸び量を示す。断層周辺に位置する継手S1、N1が完全に伸び出した後、S2、N2、S3、N3の順に伸び出し、断層変位0.96m（管軸方向0.62m）ですべての継手が完全に伸び出した。この状態で漏水は確認できなかった。断層近くの継手が完全に伸び出しても、継手の離脱防止機構により隣の管が引っ張られ、隣の継手が伸び出して地盤変位を吸収す

写真2.3.1　管路の状況

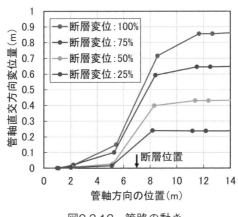

図2.3.12　管路の動き

る鎖構造管路の挙動が確認できた。

③ 図2.3.14に継手屈曲角度の測定結果を示す。断層周辺に位置する継手S1、N1がまず屈曲をはじめ、約7°まで屈曲するとN2、S2、N3、S3の順に屈曲を始めた。

④ 断層変位を0.96mからさらに増加させると継手S1の伸び量が急に増加した。この実験では管路の両端を土槽に固定しているために、土槽を動かすと大きな力が管路に作用する。このために、一つの継手の離脱防止性能3DkN（=450kN、D：管の呼び径）を超える引張り力が作用したために

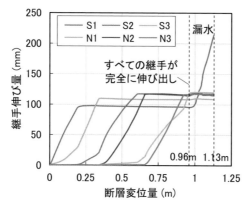

図2.3.13　継手伸び量の測定結果

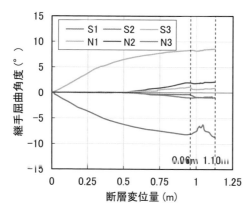

図2.3.14　継手屈曲角度の測定結果

離脱防止機構が損傷し継手が伸び出した。これは、両端を自由にした実際
の状態に近い状態ならば発生しなかった状況である。

⑤ 断層変位が1.13m（管軸方向0.73m）に達すると継手S1は210mmまで
伸び、継手S1の挿し口の先端が受口のゴム輪を通過して漏水が生じた。
また、この時に管体には破損など異常は認められなかった。

　この実験により、耐震継手ダクタイル鉄管（HRDIP）は横ずれ断層に
対して継手の伸縮、屈曲により断層変位を吸収できること、さらに継手の
最大屈曲角度や最大伸び量を越えるような断層変位に対しても管体破損は
なく漏水も発生しないことが検証できた。

第2章参考文献

1）小軽米松太郎・山路忠雄・大沢章宏・岩本利行・若井伸彦：埋設管路の地震時挙
　動観測、水道協会雑誌、第53巻、第10号、（第601号）、pp.2-20、1984.

2）地震時挙動観測開始から25年の検証、日本水道新聞社、pp.43-79、2001.

3）日本水道協会：水道施設耐震工法指針・解説1997年版、p.75、1997.

4）吉見吉昭・福武毅芳：地盤液状化の物理と評価・対策技術、技報堂出版、p.6、
　2005.

5）安田進：液状化の調査から対策工まで、鹿島出版会、p.100、1988.

6）国土庁防災局震災対策課：液状化地域ゾーニングマニュアル、1999.

7）小泉安則：新潟地震における砂の密度の変化、土と基礎、Vol.13, No.2, pp.12-19,
　1965.

8）Kishida, H. : Damage to Reinforced Concrete Buildings in Niigata City with
　Special Reference to Foundation Engineering, Soils and Foundations, Vol.6, No.1,
　pp.71-88, 1966.

9）Seed, H.B. and Idriss, I.M. : Simplified Procedure for Evaluating Soil Liquefaction
　Potential, Journal of the Soil Mechanics and Foundations Division, ASCE, Vol.97,
　No.SM9, pp.1249-1273, 1971.

10）岩崎敏男・龍岡文夫・常田賢一・安田進：砂地盤の地震時流動化の簡易判定法と
　適用例、第5回日本地震工学シンポジウム講演集、pp.641-648、1978.

11）Tokimatsu, K. and Yoshimi, Y. : Empirical Correlation of Soil Liquefaction Based
　on SPT N-value and Fines Content, Soils and Foundations, Vol.23, No.4, pp.56-74,
　1983.

12）Seed, H.B. and Idriss, I.M. : Analysis of Soil Liquefaction : Niigata Earthquake,
　Journal of the Soil Mechanics and Foundations Division, ASCE, Vol.93, No.SM3,
　pp.83-108, 1967.

13）日本水道協会：水道施設耐震工法指針・解説2009年版、2009.

14）北浦勝・宮島昌克：液状化過程における地中埋設管のひずみ特性に関する実験的
　研究、土木学会論文報告集、第323号、pp.43-53、1982.

15) 小川信行・箕輪親宏・戸島敏雄・佐藤弘康：液状化地盤でのダクタイル鉄管管路の挙動に関する研究、第48回全国水道研究発表会講演集、pp.376-377、1997.

16) 毛利栄征・河端俊典・佐藤弘康・戸島敏雄：側方流動地盤でのダクタイル鉄管管路の挙動に関する研究、第52回全国水道研究発表会講演集、pp.342-343、2001.

17) 三浦久人：阪神・淡路大震災による耐震型ダクタイル鋳鉄管路の挙動調査（ポートアイランド、六甲アイランド）、ダクタイル鉄管、第61号、pp.41-48、1996.

18) 宮島昌克・岸正蔵・金子正吾：東日本大震災における津波被災地域の耐震形ダクタイル鉄管管路の挙動調査結果、ダクタイル鉄管、第92号、pp.12-19、2013.

19) 山岸悟：阪神・淡路大震災による呼び径500mmS形ダクタイル管路の挙動調査（芦屋浜）、ダクタイル鉄管、第67号、pp.31-35、1999.

20) 細井由彦：2000年鳥取県西部地震における水道管路被害分析、水道協会雑誌、第71巻、第2号、（第809号）、pp.15-28、2002.

21) 金子正吾・鉛山敦一・戸島敏雄：2003年十勝沖地震における水道管路被害調査結果概要、ダクタイル鉄管、第75号、pp.59-68、2004.

22) 小野和将：東日本大震災における道路盛土部のNS形ダクタイル鉄管管路の挙動調査、ダクタイル鉄管、第90号、pp.20-27、2012.

23) Iide, J., Miyajima, M. : Study of Effectiveness of the Earthquake Resistant Ductile Iron Pipe as Countermeasures against Tsunami, the 8th International Symposium of Earthquake Engineering for Lifeline and Critical Infrastructure System, 2018.

24) 日本ダクタイル鉄管協会技術委員会熊本地震調査団：2016年熊本地震での地盤変状および水道管路被害状況調査結果、ダクタイル鉄管、第99号、pp.14-23、2016.

25) Hamada, M., Isoyama, R. and Wakamatsu, K. : The 1995 Hyogoken-Nanbu (Kobe) Earthquake, Liquefaction, Ground Displacement and Soil Condition in Hanshin Area, Association for Development of Earthquake Prediction, 1995.

26) 土木学会地震工学委員会：断層変位を受ける地中管路の設計手法に関する研究小委員会　研究中間成果報告書、pp.9-13、2019.

27) 産業技術総合研究所活断層・火山研究部門活断層データベース
（https://gbank.gsj.jp/activefault/index_gmap.html）

28) Kaneko, S., Miyajima, M. and Erami, M. H. : Study of Behavior on Ductile Iron Pipelines with Earthquake Resistant Joint Buried across a Fault, International Efforts in Lifeline Earthquake Engineering, ASCE, pp.221-228, 2013.

29) Pariya-Ekkasut, C., Stewart, H.E., Wham, B.P., O' Rourke, T.D. and Bond, T. K. : Direct Tension and Split Basin Testing of 6-in. (150-mm) - Diameter Kubota Earthquake Resistant Ductile Iron Pipe, School of Civil and Environmental Engineering, Cornell University, 2016.

30) 小田圭太・宮島昌克・Pariya-Ekkasut, C.・Wham, B.P.・O' Rourke, T.D.：アメリカでの断層実験による耐震形ダクタイル鉄管の挙動調査、平成28年度全国会議（水道研究発表会）講演集、pp.810-811、2016.

31) 小田圭太・岸正蔵・宮島昌克：耐震型ダクタイル鉄管を用いた断層横断部の管路設計方法の研究、土木学会論文集A1（構造・地震工学）、75巻、4号、pp.I_454 - I_463、2019.

3　埋設管路の耐震設計

3.1　地震動の基本

1）地震波の種類

　地震波には震源から地盤内部を伝播してくる実体波と、2次的に地表面を伝播してくる表面波がある。図3.1.1に地盤が振動する方向と地震波が進む方向を概略的に示す。

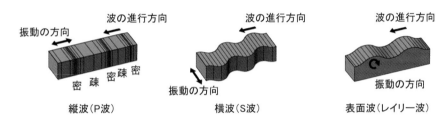

縦波（P波）　　　　横波（S波）　　　表面波（レイリー波）

図3.1.1　地震波の種類

　実体波には縦波と横波がある。縦波は波の進行方向と振動する方向が同じ波で疎密波とも呼ばれている。縦波は横波に比べて伝播速度が速く、地震では横波よりも先に到達するので、英語で「最初の」を示すprimaryの頭文字をとってP波とも呼ばれている。

　横波は波の進行方向と振動する方向が直交する波で、せん断波とも呼ばれている。縦波よりも遅れて到着するので、「2番目の」を英語で示すsecondaryの頭文字をとってS波とも呼ばれている。水平方向に振動するS波をSH波、鉛直方向に振動するS波をSV波と呼んでいる。地震の際の主要動にあたるのが横波であり、構造物の耐震設計は主としてSH波を対象に行われている。

　表面波にはレイリー波とラブ波がある。レイリー波は、波の進行方向を含む鉛直面内で、上、後、下の順に楕円軌道を描いて振動するもので、1885年にこの波を発見したイギリスの物理学者レイリー（Rayleigh, J.

W.S.）にちなんで名づけられている。ラブ波は波の進行方向に直角な水平面内で振動する波である。1911年にラブ（Love, A.E.H.）によって発見されたのでそう呼ばれている。

２）地震波の特徴

　地震波の３要素は図3.1.2に示すように振幅、継続時間、周期である。地震波として地盤の動きを計測する場合、加速度計によって加速度を計測することが多いが、速度、変位を計測している場合もある。その最大振幅がそれぞれ最大加速度、最大速度、最大変位である。

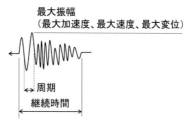

図3.1.2　地震波の特徴

　地震の継続時間は、その地震の断層運動（岩盤がずれる動き）が継続する時間とほぼ同じで、日本付近で発生する地震による強い揺れの継続時間は、マグニチュード７クラスの地震であれば約10秒、マグニチュード８クラスの地震であれば約１分、マグニチュード９クラスの地震であれば約３分程度と言われている。例えば、1995年兵庫県南部地震では15秒程度、2011年東北地方太平洋沖地震では長く続いたところで190秒程度だった。

　周期とは１回振動するのに要する時間であり、地震波には様々な周期成分を含んでいるので、その中で最も多く含んでいる周期成分が重要であり、卓越周期と呼んでいる。図3.1.3に示すように、地震波をそれぞれの周期の正弦波の和と考える。その周期成分が多く含まれているほど振幅は大きくなる。このように、地震のようなランダム波をそれぞれの振幅を有する正弦波に分解し、それぞれの振幅を縦軸に、周期を横軸にして表したものがスペクトルである。そして、最も振幅の大きい周期が卓越周期である。

　よく似た言葉に応答スペクトルというものがあるが、これは図3.1.4に示

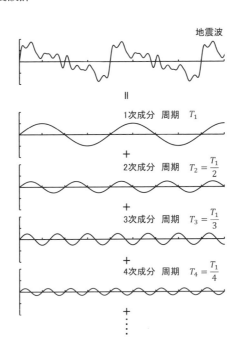

図3.1.3　地震波の振動成分

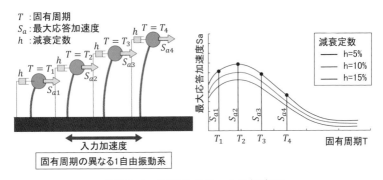

図3.1.4　応答スペクトルの概念図

すように1自由度系の構造物の応答の最大振幅を構造物の固有周期を横軸
にして表したものである。地震波の周期特性を、構造物の応答を介して表
現したものといえる。日本水道協会の「水道施設耐震工法指針・解説」に
おいては、設計地震動として応答スペクトルが規定されている。

3.2 埋設管路耐震設計の歴史

　埋設管路の耐震設計では応答変位法が用いられているが、応答変位法の概念が初めて提案されたのは1969年であり、米国BART（Bay Area Rapid Transit：サンフランシスコ・ベイエリア高速鉄道）のトンネルの耐震設計基準に関するASCE（American Society of Civil Engineers:米国土木学会）の論文[1]である。その後、新東京国際空港建設に伴う石油パイプラインの布設に対して、米国BARTトンネルの基準などを参考にして1974年に石油パイプライン技術基準が設けられた。ここでは、5種類の入力地震動、地盤変位の計算法、管路応力の計算法、安全性基準が示されており、わが国で初めて設けられた埋設管路に対する耐震基準である。さらに、1977年に地下埋設管路耐震継手の技術基準[2]が設けられた。一方、1982年にはガス導管、中・低圧、高圧管路の耐震設計法が示され、中・低圧管路の継手の地盤変位吸収能力、管路のすべり、異形管部の設計法など、独自の概念が示された。石油パイプライン技術基準、地下埋設管路耐震継手の技術基準、ガス導管耐震設計指針の3基準が、わが国の埋設管路の耐震設計の源流であるといえる。

　水道管路の耐震設計の歴史を見ると、1953年に1948年福井地震による被害を契機に日本水道協会によって「水道施設の耐震工法」（1953年版）が作成された。これから約10年が経過し、1964年新潟地震を契機として1966年に「水道施設の耐震工法」（1966年版）に改訂された。さらに10年以上が経過し、地震学、耐震工学の大きな進歩を取り入れるために1979年に「水道施設耐震工法指針・解説」（1979年版）[3]と改称して、根本的な改訂が行われた。さらに、1983年日本海中部地震以降の知見、とくに1995年兵庫県南部地震の経験を踏まえた改訂が1997年[4]に行われた。この時初めて、レベル1、レベル2の設計地震動スペクトルが提示され、非線形挙動の導入が図られた。2009年には性能設計の導入を見据えた設計手法の導入などを目指した改訂[5]が行われている。さらに、2022年には性能設計法の深化、レベル2地震動の見直し、断層対策および危機耐性といった最新の知見を取り込み改訂が行われている[6]。

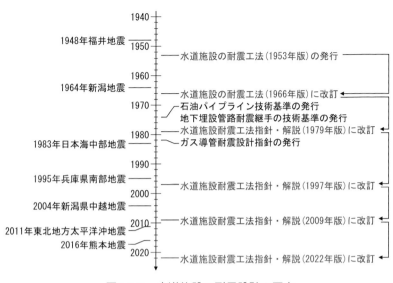

図3.2.1　水道施設の耐震設計の歴史

3.3　埋設管路耐震設計の基本

1）設計地震動

　耐震設計においてはレベル1地震動およびレベル2地震動の2通りの地震動を設計地震動として設定する。レベル1地震動およびレベル2地震動の概念は1995年兵庫県南部地震を契機に1996年に土木学会の第1次提言として出されたもので、「水道施設耐震工法指針・解説」においてもその考えが1997年版[4]から取り入れられている。レベル1地震動は施設の供用期間中に1～2回発生する確率を有する地震動、レベル2地震動は発生確率は低いが大きな地震動と定義されていた。レベル1地震動およびレベル2地震動の定義はその後何度か土木学会において見直しがなされ[7]、最新では次の通りとなっている。

　レベル1地震動は、当面は従来の各種土木構造物の耐震設計基準で設定されていた地震動と定義されている。レベル2地震動は現在から将来にわたって当該地点で考えられる最大級の強さをもつ地震動と定義されている。

　レベル2地震動は、内陸および海溝に発生する地震の活動履歴、活断層

の分布状況や活動度などの調査結果、当該地点およびその周辺における地盤の状況、強震観測事例など利用可能な関連資料を十分に活用して設定することとしている。レベル2地震動のレベルとは地震動強さのレベルを指すものであり、再現期間や年超過確率という地震危険度のレベルとは必ずしも一義的には対応していない。

最新の「水道施設耐震工法指針・解説」(2022年版)[6] においてもレベル1地震動およびレベル2地震動の定義はこの土木学会の新しい定義に整合している。
　同指針ではレベル2地震動の設定方法としては次の4通りが示されている。
①方法1　震源断層を想定した地震動評価を行い、当該地点での地震動を使用する。
②方法2　地域防災計画等の想定地震動を使用する。
③方法3　当該地点と同様な地盤条件（地盤種別）の地表面における強震記録の中で、震度6強〜震度7の記録を用いる。
④方法4　1995年兵庫県南部地震の観測記録を基に設定された設計震度、設計応答スペクトル。
　この指針では、近年発生した地震では、水道施設の地表面の地震動が方法4を超過する地点が多く存在しており、設計地震動が近年観測される地震動記録に比べて過少であることから、一般的には方法1〜3により設定することが原則とされている。しかし、小規模で比較的単純な構造の施設において静的線形解析を適用する場合には方法4を用いてよいことになっている。埋設管路の場合にはこれに該当し、従来通り方法4に従い設定できる。

2）地盤変位
　埋設管路は単位長さ当たりの質量が小さいので、その固有周期は地震波の卓越周期より小さく、管路に作用する力や管路の動きに動的な影響を考慮する必要がない。したがって埋設地点の地盤変位が地盤ばねを介して管路に伝達すると考える応答変位法が埋設管路の耐震計算には用いられる。

　応答変位法に使用される地盤変位振幅 U_h は次のように求めることができる[8]。

（1）　1質点系モデル

　図3.3.1に示すように、任意の加速度 $\ddot{y}(t)$ が1質点系の支点に入力されたときの質点の相対変位 $x(t)$ について、式（3.1）が成り立つ。

$$\ddot{x}(t) + 2\omega_0 h\dot{x}(t) + \omega_0^2 x(t) = -\ddot{y}(t) \tag{3.1}$$

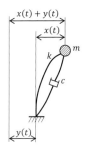

図3.3.1　1質点系のモデル

　ここに、ω_0は1質点系の固有円振動数、h は減衰定数で、次式で求まる。m は1質点の質量、k はばね定数、c は粘性減衰係数である。

$$\omega_0 = \sqrt{\frac{m}{k}} \qquad\qquad h = \frac{c}{2\omega_0 m}$$

式（3.1）から、相対変位 $x(t)$ および相対速度 $\dot{x}(t)$ は式（3.2）、（3.3）のように求まる。

$$x(t) = -\frac{1}{\omega_0\sqrt{1-h^2}}\int_0^t e^{-\omega_0 h(t-\tau)}\sin\omega_0\sqrt{1-h^2}(t-\tau)\cdot\ddot{y}(\tau)\,d\tau \tag{3.2}$$

$$\dot{x}(t) = -\int_0^t e^{-\omega_0 h(t-\tau)}\left\{\cos\omega_0\sqrt{1-h^2}(t-\tau) - \frac{h}{\sqrt{1-h^2}}\sin\omega_0\sqrt{1-h^2}(t-\tau)\right\}\ddot{y}(\tau)d\tau$$

$$\tag{3.3}$$

　相対変位、相対速度の応答スペクトル S_D、S_V は時刻 t と関係なく最大値をとって、次のように表わされる。

$$S_D = |x(t)|_{\max} \tag{3.4}$$

$$S_V = |\dot{x}(t)|_{\max} \tag{3.5}$$

一般に $h \ll 1$ のため、式（3.4）、（3.5）は次のように表わされる。

$$S_D = \frac{1}{\omega_0} \left| \int_0^t e^{-\omega_0 h(t-\tau)} \sin\omega_0 (t-\tau) \cdot \ddot{y}(\tau) \, d\tau \right|_{\max} \tag{3.6}$$

$$S_V = \left| \int_0^t e^{-\omega_0 h(t-\tau)} \cos\omega_0 (t-\tau) \cdot \ddot{y}(\tau) \, d\tau \right|_{\max} \tag{3.7}$$

式（3.6）、（3.7）は時刻 t と関係なく最大値のみとしていること、入力地震動が十分に長い継続時間を有していれば $\cos\omega_0 (t-\tau)$ あるいは $\sin\omega_0 (t-\tau)$ を乗じることの差が最大値に与える影響は小さくなることから、式(3.8)の近似式が得られる。

$$S_D \fallingdotseq \frac{1}{\omega_0} S_V \tag{3.8}$$

（2）地盤変位

厚さ H の表層地盤の基盤に地震動変位 $y(t)$ を入力した場合の応答を考える。表層地盤の相対変位を $u(t,z)$ とすれば、表層地盤がせん断振動する場合、図3.3.2に示すように微小部分に作用する力のつり合いから式（3.9）が成り立つ。ここに V_s はせん断波の伝播速度、G は地盤のせん断弾性係数、ρ は地盤の密度である。

$$\frac{\partial^2 u}{\partial t^2} - V_s^2 \frac{\partial^2 u}{\partial z^2} = -\frac{d^2 y}{dt^2} \quad \left(V_s = \sqrt{\frac{G}{\rho}} \right) \tag{3.9}$$

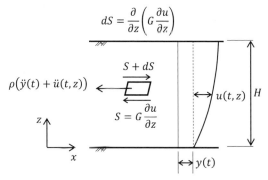

図3.3.2　地盤のせん断振動

　表層地盤の相対変位は、図3.3.3に示す１次、３次、５次、…モードの波 $\sin\frac{\pi}{2H}z$、$\sin\frac{3\pi}{2H}z$、$\sin\frac{5\pi}{2H}z$、…の重ね合わせとして式（3.10）のように表すことができる。ここに $q_i(t)$ は i 次の振動モードの振幅を表わす。

　式（3.10）を式（3.9）に代入して式（3.11）が得られる。

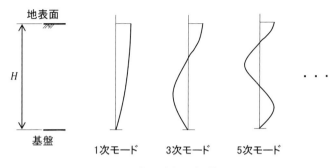

地表面

H

基盤

1次モード　　3次モード　　5次モード

図3.3.3　表層地盤の振動モード

$$u(t,z) = \sum_{i=1,3,5}^{\infty} q_i(t)\sin\frac{i\pi}{2H}z \tag{3.10}$$

$$\sum_{i=1,3,5\cdots}^{\infty}\ddot{q}_i(t)\sin\frac{i\pi}{2H}z + V_S^2\sum_{i=1,3,5\cdots}^{\infty}\left(\frac{i\pi}{2H}\right)^2 q_i(t)\sin\frac{i\pi}{2H}z = -\frac{d^2y}{dt^2} \tag{3.11}$$

　式（3.11）の両辺に $\sin\frac{i\pi}{2H}z$ を乗じ、$z=0\sim2H$ の区間で積分すれば、$i\neq j$ のとき $\int_0^{2H}\sin\frac{i\pi z}{2H}\sin\frac{j\pi z}{2H}dz=0$ であるため、式（3.12）が得られる。

$$\ddot{q}_i(t)+\omega_i^2 q_i(t) = -\frac{4}{i\pi}\frac{d^2y}{dt^2} \tag{3.12}$$

　ω_i は i 次振動モードに対する固有円振動数で、$\omega_i=\frac{iV_S\pi}{2H}$、$i=1,3,5\cdots$ と表わされる。$i=1$ すなわち１次の振動が一般的に卓越するため１次振動モードのみを考え $i=1$ とすると、式（3.12）から式（3.13）が得られる。

$$\ddot{q}_1(t)+\omega_1^2 q_1(t) = -\frac{4}{\pi}\frac{d^2y}{dt^2} \tag{3.13}$$

　これは、速度の項を除いた１質点系の振動を表す式（3.1）と同じであり、入力地震加速度が式（3.1）の $4/\pi$ 倍になるので、地盤変位振幅 U_h は、相対変位の応答スペクトル S_D の $4/\pi$ 倍であり、式（3.14）の通りとなる。

$$U_h = \frac{4}{\pi} S_D = \frac{4}{\pi} \frac{1}{\omega_0} S_V = \frac{2}{\pi^2} S_V T_G \qquad (3.14)$$

3）不均一度係数

　地盤変位は水平方向に地層の変化がない一様な地盤を地震波動が伝播することを想定しているが、実際には多くは地層が変化している不均一な地盤である。そこで、地盤条件に応じて、地盤変位に表3.3.1に示す不均一度係数を乗じることで地盤変位の増幅を考慮する。この不均一度係数は、西尾[9]により1978年宮城県沖地震のガス管被害にもとづいて地盤条件と地盤変位の関係を調べた事例を参考に設定されている。

表3.3.1　不均一度係数 η [9]

不均一の程度	不均一度係数 η	地盤条件
均一	1.0	洪積地盤、均一な沖積地盤
不均一	1.4	層厚の変化がやや激しい沖積地盤、普通の丘陵宅造地
極めて不均一	2.0	河川流域、おぼれ谷などの非常に不均一な沖積地盤、大規模な切土・盛土の造成地

　したがって、地盤の不均一度を考慮した地盤変位振幅 $U_h{'}$ は次式で求められる。

$$U_h{'} = \eta \, U_h \qquad (3.15)$$

ここに、

$U_h{'}$　：地盤の不均一度を考慮した地盤変位振幅

η　　：地盤の不均一度係数

U_h　：地盤変位振幅

4）固有周期

　地震波の i 次振動モードに対する固有円振動数 ω_i は、$\omega_i = \frac{i V_S \pi}{2H}$, $i = 1, 3, 5\cdots$ と表わされるので、i 次振動モードの固有周期 T_i は式(3.16)で表わされる。

$$T_i = \frac{4H}{i V_S} \qquad (3.16)$$

　一般に1次振動モード（$i=1$）が卓越するので、地震の固有周期は1次

振動モードの周波数 $T_1 = 4H/V_S$ となる。

表層地盤がせん断弾性係数と密度が異なる複数の土層で構成される場合には表層地盤の固有周期 T_G は各層の固有周期の和として式（3.17）で与えられる。

$$T_G = 4 \sum_{i=1}^{n} \frac{H_i}{V_{si}} \tag{3.17}$$

ここに、

T_G　：表層地盤の固有周期（s）

H_i　：i 番目の地層の厚さ（m）

V_{si}　：i 番目の地層の平均せん断弾性波速度（m/s）

$V_{si} = \sqrt{\dfrac{G_i}{\rho_i}}$ （G_i：i 番目の地層のせん断弾性係数、ρ_i：i 番目の地層の密度）で求まる。実際には、地盤のせん断弾性波速度は、弾性波探査やＰＳ検層によって測定するのが望ましい。簡便な手法としては地盤の種類と N 値から表3.3.2によって求めることもできる。

表3.3.2　地盤のせん断弾性波速度[5]

堆積時代および土質		せん断弾性波速度 (m/s)		
		せん断ひずみ10^{-3}	せん断ひずみ10^{-4}	せん断ひずみ10^{-6}
洪積世	粘性土	$129N^{0.183}$	$156N^{0.183}$	$172N^{0.183}$
	砂質土	$123N^{0.125}$	$200N^{0.125}$	$205N^{0.125}$
沖積世	粘性土	$122N^{0.0777}$	$142N^{0.0777}$	$143N^{0.0777}$
	砂質土	$61.8N^{0.211}$	$90N^{0.211}$	$103N^{0.211}$

5）波長

地震動の波長は表層地盤のせん断振動による地盤変位が最大となる波長と、表層地盤の固有周期に相当する時間に基盤内を伝播するせん断弾性波が進む距離の調和平均をとり、次式で求められる。

$$L = \frac{2L_1 L_2}{L_1 + L_2} \tag{3.18}$$

$$L_1 = V_{DS} T_G \qquad L_2 = V_{BS} T_G \tag{3.19}$$

ここに、

L ：波長（m）

V_{DS} ：表層地盤の平均せん断弾性波速度（m/s）

V_{BS} ：基盤のせん断弾性波速度（m/s）

T_G ：表層地盤の固有周期（s）

　この調和平均による波長は「水道施設耐震工法指針・解説」や公益社団法人　日本下水道協会（以下、日本下水道協会）の「下水道施設耐震計算例－管路施設編－2015年版－」[10)]、農林水産省の「土地改良事業計画設計基準・設計「パイプライン」」（2021年）[11)] でも採用されているが、一般社団法人日本ガス協会の「高圧ガス導管耐震設計指針」（2020年）[12)] では表面波による波長が採用されている。表面波はその地盤の固有周期により、水平方向への伝播速度が異なる分散特性を持っているので、表面波の波長は式（3.20）によって求められる。

$$L = V T_G \qquad\qquad (3.20)$$

ここに、

V ：水平方向の見かけの伝播速度（m/s）（図3.3.4）

T_G ：表層地盤の固有周期（s）

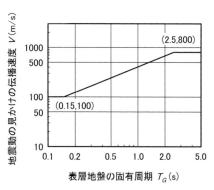

図3.3.4　地震動の見かけの伝播速度

6）管体応力

　図3.3.5のように埋設された継手がない管を弾性床上の梁としてモデル化し、管軸方向、管軸直交方向の入力地盤変位を $U(x)$、$V(x)$、管路の変位を $u(x)$、$v(x)$、単位長さ当たりの地盤の剛性係数を k_{g1}、k_{g2} とすると、ダクタイル鉄管や鋼管のような管材質が弾性体の場合には力のつり合いから式（3.21）、（3.22）が成り立つ。

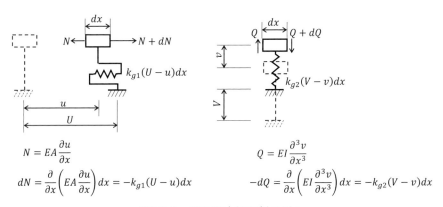

$$N = EA\frac{\partial u}{\partial x}$$

$$dN = \frac{\partial}{\partial x}\left(EA\frac{\partial u}{\partial x}\right)dx = -k_{g1}(U-u)dx$$

$$Q = EI\frac{\partial^3 v}{\partial x^3}$$

$$-dQ = \frac{\partial}{\partial x}\left(EI\frac{\partial^3 v}{\partial x^3}\right)dx = -k_{g2}(V-v)dx$$

図3.3.5　管路の応答解析モデル

$$-EA\,\frac{d^2 u(x)}{dx^2} = k_{g1}\{U(x) - u(x)\} \tag{3.21}$$

$$EI\,\frac{d^4 v(x)}{dx^4} = k_{g2}\{V(x) - v(x)\} \tag{3.22}$$

ここに、

k_{g1}　：管軸方向の単位長さ当たりの地盤の剛性係数（kN/m^2）

k_{g2}　：管軸直交方向の単位長さ当たりの地盤の剛性係数（kN/m^2）

E　：管の弾性係数（kN/m^2）

A　：管の断面積（m^2）

I　：管の断面2次モーメント（m^4）

　$U(x)$、$V(x)$ は管軸方向、管軸直交方向の入力地盤変位であり、式（3.23）、（3.24）で表される。

$$U(x) = U_{hA} \sin \frac{2\pi x}{L_A} \tag{3.23}$$

$$V(x) = U_{hT} \sin \frac{2\pi x}{L_T} \tag{3.24}$$

ここに、

 U_{hA} ：管軸方向の地盤変位振幅（m）

 L_A ：管軸方向の地震波の波長（m）

 U_{hT} ：管軸直交方向の地盤変位振幅（m）

 L_T ：管軸直交方向の地震波の波長（m）

微分方程式（3.21）、（3.22）の特殊解を求めると、式（3.25）、（3.26）が得られる。

$$u(x) = \alpha_1 U(x) \tag{3.25}$$
$$v(x) = \alpha_2 V(x) \tag{3.26}$$

ここに、

$$\alpha_1 = \frac{1}{1 + \left(\dfrac{2\pi}{\lambda_1 L_A}\right)^2} \quad \alpha_2 = \frac{1}{1 + \left(\dfrac{2\pi}{\lambda_2 L_T}\right)^4} \quad \lambda_1 = \sqrt{\frac{k_{g1}}{EA}} \quad \lambda_2 = \sqrt[4]{\frac{k_{g2}}{EI}}$$

図3.3.6のように、地震波の横波を振幅 U_h、波長 L の sin 波とし、角度 ϕ で管路に入射する場合を考える。管軸方向および管軸直交方向の地盤変位振幅 U_{hA}、U_{hT} および波長 L_A、L_T は式（3.27）になり、これを式（3.25）、（3.26）に代入して、管軸、管軸直交方向の管路変位 $u(x)$、$v(x)$ は、式（3.28）、（3.29）で与えられる。添え字の A、T は、それぞれ管軸方向、管軸直交方向を表している。

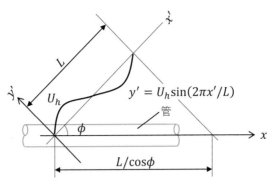

図3.3.6　管路への地震波の入射角

$$U_{hA} = U_h \sin\phi \qquad U_{hT} = U_h \cos\phi \left.\vphantom{\begin{matrix}1\\1\end{matrix}}\right\}$$
$$L_A = L/\cos\phi \qquad L_T = L/\cos\phi \tag{3.27}$$

$$u(x) = \alpha_1 U_h \sin\phi \ \sin\left(\frac{2\pi \ \cos\phi \cdot x}{L}\right) \tag{3.28}$$

$$v(x) = \alpha_2 U_h \cos\phi \ \sin\left(\frac{2\pi \ \cos\phi \cdot x}{L}\right) \tag{3.29}$$

①軸応力

　管軸方向の管体ひずみ ε_A は式（3.30）で表わされ、その最大値は $\phi = \pi/4$ の時、式（3.31）で与えられる。これより、軸応力 σ_x は式（3.32）によって求められる。

$$\varepsilon_A = \frac{du(x)}{dx} = \alpha_1 \frac{\pi U_h}{L} \sin 2\phi \cos\left(\frac{2\pi \cos\phi \cdot x}{L}\right) \tag{3.30}$$

$$\varepsilon_{A\max} = \alpha_1 \frac{\pi U_h}{L} \quad (\phi = \pi/4) \tag{3.31}$$

$$\sigma_x = \varepsilon_{A\max} E = \alpha_1 \frac{\pi U_h}{L} E \tag{3.32}$$

　この時 $\phi = \pi/4$ なので、式（3.27）から管軸方向の波長 L_A は $\sqrt{2}\,L$ となり、一般に見かけの波長 L' と呼ばれている。

②曲げ応力

　管の曲げひずみ ε_T は式（3.33）で表わされる。その最大値は $\phi=0$ の時、式（3.34）で与えられる。これより、曲げ応力 σ_y は式（3.35）によって求められる。

$$\varepsilon_T = \frac{D/2}{\rho} = \frac{d^2 v(x)}{dx^2} \frac{D}{2}$$

$$= \alpha_2 U_h \left(\frac{2\pi}{L} \right)^2 \cos^3 \phi \sin \left(\frac{2\pi \cos \phi \cdot x}{L} \right) \frac{D}{2} \tag{3.33}$$

$$\varepsilon_{T\max} = \alpha_2 U_h \left(\frac{2\pi}{L} \right)^2 \frac{D}{2} = \alpha_2 \frac{2\pi^2 D U_h}{L^2} \quad (\phi = 0) \tag{3.34}$$

$$\sigma_y = \varepsilon_{T\max} E = \alpha_2 \frac{2\pi^2 D U_h}{L^2} E \tag{3.35}$$

ここに、

ε_A ：管の軸ひずみ

ε_T ：管の曲げひずみ

σ_x ：管の軸応力（kN/m^2）

σ_y ：管の曲げ応力（kN/m^2）

E 　：管の弾性係数（kN/m^2）

ρ 　：管の曲率半径（m）

D 　：管の外径（m）

　この時 $\phi = 0$ なので、式（3.27）から管軸直交方向の波長 L_T は L となる。

３．４　水道管路の耐震設計
１）耐震計算の手順

　埋設された水道管路の耐震設計の手順を図3.4.1に示す。いずれの管種でも安全性の照査にあたっては、常時荷重も加えてレベル１地震動とレベル２地震動の両方において照査基準を満たすこと、および日本水道協会の「水道施設設計指針」[13] に示される管厚計算基準を満たすことが必要である。常時荷重による応力やひずみの計算にあたっては同指針に示されるように

長期的な影響（腐食や内圧クリープなど）を考慮する必要がある。

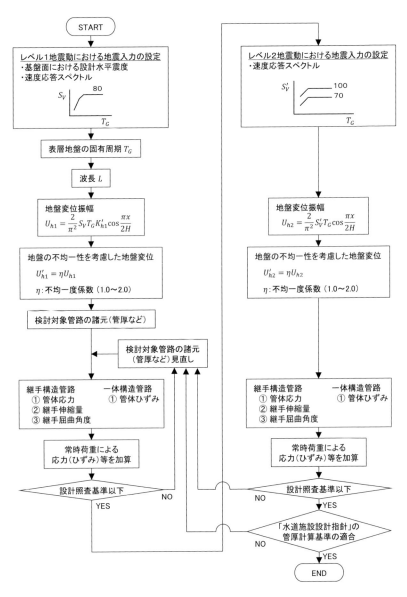

図3.4.1 　埋設管路の耐震設計の手順

2）設計照査基準

　表3.4.1に「水道施設耐震工法指針・解説」（2022年版）[6]に示されているダクタイル鉄管に代表される継手構造管路と、溶接鋼管に代表される一体構造管路の耐震計算の設計照査基準を示す。

表3.4.1　設計照査基準

	レベル１地震動	レベル２地震動
継手構造管路 （ダクタイル鉄管）	管体応力 ≦ 0.2％耐力 継手伸縮量 ≦ 設計照査用最大伸縮量* 継手屈曲角度 ≦ 最大屈曲角度	
一体構造管路 （溶接鋼管）	管体ひずみ ≦ レベル１地震動の 許容ひずみ	管体ひずみ ≦ レベル２地震動の 許容ひずみ

＊設計照査用最大伸縮量は継手を許容屈曲角度まで曲げた状態での継手伸縮量として設定されている。概ね管長の１％であるが、継手型式によって異なるので、詳しくは巻末資料５を参照されたい。

　ダクタイル鉄管の場合は、レベル１地震動およびレベル２地震動に対して、それぞれ管体応力がダクタイル鉄管の0.2％耐力以下であり、かつ継手伸縮量が設計照査用最大伸縮量以下である、および継手屈曲角度が最大屈曲角度以下であることから安全性を照査する。一方、鋼管の場合には管体ひずみがそれぞれの許容ひずみ以下であることから安全性を照査する。いずれの場合にも常時荷重として水圧、自動車荷重、温度変化および不同沈下による値を加える。

　ダクタイル鉄管の場合にはレベル１地震動およびレベル２地震動のいずれにおいても弾性設計されており、これは管体に変形が残らないことを意味する。

　地中に埋設された管路は、地上構造物と異なり地震後に点検や補修が困難であり、１か所の損傷が面的な影響を及ぼす。そのため、レベル１地震動およびレベル２地震動ともに、漏水しないというだけではなく修復を必要とせず使用し続けられる耐震水準を目指すべきと考える。

3）鎖構造管路の耐震設計方法

鎖構造管路に関して、「水道施設耐震工法指針・解説」（2022年版）[6] では、「鎖構造管路は、一つの継手の継手伸縮量が設計照査用最大伸縮量を超えた場合でも、隣接する管を引っ張ることで管路全体として地盤変位を吸収できるため、これを照査するものとする。」と書かれているが具体的な方法は示されていない。鎖構造管路の耐震計算方法としては、次のような2段階の方法が考えられる。

①ステップ1（鎖構造管路の特性を考慮した継手伸縮量による照査）

図3.4.2に継手伸縮量が設計照査用最大伸縮量を超えた場合の継手伸び量を半波長分に注目して示す。縦軸は継手伸縮量/管長×100%で表しているので、1%は継手が最大まで伸び切った状態を表している。

図中のS1の領域は管長の1%以上の継手伸び量が発生し、この範囲の継手で吸収できない継手伸び量の総量を表し、式（3.36）によって与えられる。

一方、図中のS2の領域は継手部が伸び切っておらず、継手部の伸び余裕量の総和を表し、式（3.37）によって与えられる。

$$S1 = \int_0^\alpha \left(Y_{max} \cos \frac{2\pi}{L} x - Y_0 \right) dx \tag{3.36}$$

$$S2 = \int_\alpha^{\frac{L}{2}} Y_0 \, dx - \int_\alpha^{\frac{L}{4}} \left(Y_{max} \cos \frac{2\pi}{L} x \right) dx \tag{3.37}$$

鎖構造管路では1つの継手が離脱防止状態になるまで伸びても、次々に隣の継手が伸びるので、S1＝S2になるまでは管路として地盤変位を吸収できることになり、S1＝S2となるのは Y_{max}＝3.14%の時である。すなわち、鎖構造管路の設計照査用最大伸縮量は管長の3.14%と設定できることになる。

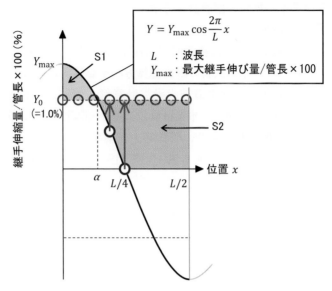

図3.4.2　鎖構造管路の特性を考慮した耐震計算

②ステップ２（継手がすべて伸び切った状態での照査）

　継手がすべて伸び切った状態では、継手には管と地盤との摩擦力が作用する。一つの継手には1/4波長分の摩擦力が作用するので、式（3.38）を用いて、摩擦力が継手の離脱防止性能（3DkN以上：Dは管の呼び径）以下であることにより安全性を照査できる。

$$F_p > \pi \tau D L / 4 \tag{3.38}$$

ここに、

F_p　：継手の離脱防止性能（kN）

τ　：管と地盤との摩擦力（kN/m²）

D　：管の外径（m）

L　：波長（m）

4) ダクタイル鉄管の耐震計算方法
(1) 耐震設計の手順

　日本水道協会の「水道施設耐震工法指針・解説」(2022年版)[6] に記載されているダクタイル鉄管の耐震計算方法を記述する。この計算方法は、日本下水道協会の「下水道施設耐震計算例－管路施設編－2015年版－」[10]、農林水産省の「土地改良事業計画設計基準・設計「パイプライン」」(2021年)[11] でも採用されており、管体応力、継手伸縮量および継手屈曲角度の計算方法は国際規格であるISO規格(ISO16134：2020)[14] においても採用されている。

(2) 地盤変位

　地盤変位は式 (3.39)、式 (3.40) で計算する。

レベル1地震動

$$U_{h1} = \frac{2}{\pi^2} S_V T_G K'_{h1} \cos \frac{\pi x}{2H} \tag{3.39}$$

レベル2地震動

$$U_{h2} = \frac{2}{\pi^2} S'_V T_G \cos \frac{\pi x}{2H} \tag{3.40}$$

ここに、

U_{h1} 　：レベル1地震動での地盤変位振幅 (m)

U_{h2} 　：レベル2地震動での地盤変位振幅 (m)

x 　：地表面からの深さ (m)

T_G 　：表層地盤の固有周期 (s)

H 　：表層地盤の厚さ (m)

K'_{h1} 　：耐震計算上の基盤面における設計水平震度

$$K'_{h1} = C_z K'_{h01} \tag{3.41}$$

C_z 　：地域別補正係数

K'_{h01} ：基盤面における基準水平震度 (＝0.15)

S_V 　：レベル1地震動での基盤地震動の単位震度当たりの速度応答スペクトル (cm/s) (図3.4.3参照)

S'_V　：レベル2地震動での基盤地震動の速度応答スペクトル（cm/s）

　曲げ応力、継手伸縮量および継手屈曲角度の計算には図3.4.4を用いる。同図には最大値が100cm/s（上限値）と70cm/s（下限値）の2種類を示しているが、施設の重要度に応じて上限値と下限値の範囲内において増減させる。

　一方、軸応力の計算にはあらかじめ管と地盤の滑りを考慮した速度応答スペクトルを使用する。詳しくは巻末資料6を参照されたい。

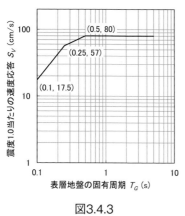

図3.4.3
レベル1地震動の速度応答スペクトル

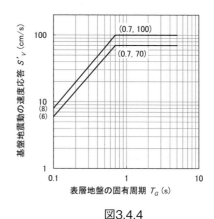

図3.4.4
レベル2地震動の速度応答スペクトル
（曲げ応力、継手伸縮量、継手屈曲角度用）

（3）管体応力

　管体応力は式（3.42）から（3.49）で計算できる。これらの式は、式（3.32）および（3.35）で与えられる継手がない場合の軸応力および曲げ応力に、それぞれ継手がある場合の応力の補正係数 ξ_1、ξ_2 を乗じることで得られる。

3 埋設管路の耐震設計

レベル1地震動

軸応力 $\quad \sigma_{1L} = \xi_1 \; \alpha_1 \; \dfrac{\pi U_{h1}'}{L} E$ (3.42)

曲げ応力 $\quad \sigma_{1B} = \xi_2 \; \alpha_2 \; \dfrac{2\pi^2 D U_{h1}'}{L^2} E$ (3.43)

合成応力 $\quad \sigma_1 = \sqrt{\gamma \sigma_{1L}^2 + \sigma_{1B}^2}$ (3.44)

$$\alpha_1 = \dfrac{1}{1 + \left(\dfrac{2\pi}{\lambda_1 L'}\right)^2} \quad \alpha_2 = \dfrac{1}{1 + \left(\dfrac{2\pi}{\lambda_2 L}\right)^4} \quad \lambda_1 = \sqrt{\dfrac{k_{g1}}{EA}} \quad \lambda_2 = \sqrt[4]{\dfrac{k_{g2}}{EI}}$$

(3.45)

$$k_{g1} = C_1 \; \dfrac{\gamma_t}{g} \; V_S^2 \qquad k_{g2} = C_2 \; \dfrac{\gamma_t}{g} \; V_S^2$$

(3.46)

レベル2地震動

軸応力 $\quad \sigma_{2L} = \xi_1 \; \alpha_1 \; \dfrac{\pi U_{h2}'}{L} E$ (3.47)

曲げ応力 $\quad \sigma_{2B} = \xi_2 \; \alpha_2 \; \dfrac{2\pi^2 D U_{h2}'}{L^2} E$ (3.48)

合成応力 $\quad \sigma_2 = \sqrt{\sigma_{2L}^2 + \sigma_{2B}^2}$ (3.49)

ここに、

σ_{1L}、σ_{2L} ：継手がある場合の軸応力（kN/m^2）

σ_{1B}、σ_{2B} ：継手がある場合の曲げ応力（kN/m^2）

σ_1、σ_2 ：継手がある場合の合成応力（kN/m^2）

U_{h1}'、U_{h2}' ：地盤の不均一性を考慮した地盤変位振幅（$= \eta U_{h1}$、ηU_{h2}）（m）

η ：不均一度係数（表3.3.1参照）

U_{h1}、U_{h2} ：地盤変位振幅（m）

ξ_1、ξ_2 ：継手がある場合の応力の補正係数であり、詳細および式の導出は巻末資料7を参照のこと。

α_1、α_2 ：管軸方向・管軸直交方向の地盤変位の伝達係数であり、式

（3.45）で計算する。

γ　　　　：重畳係数であり、管の軸方向ひずみの原因となるせん断波動をどこまで考慮するかによって決定される。1.00～3.12の範囲になり、3.12で設定するのが望ましい。

L　　　　：波長（m）

L'　　　　：見かけの波長（$=\sqrt{2}\,L$）（m）

k_{g1}、k_{g2}　：管軸方向および管軸直交方向の単位長さ当たりの地盤の剛性係数（kN/m²）であり、式（3.46）で計算する。

γ_t　　　　：土の単位体積重量（kN/m³）

g　　　　：重力加速度（9.8m/s²）

V_s　　　　：表層地盤のせん断弾性波速度（m/s）

C_1、C_2　：埋設管路の管軸および管軸直交方向の単位長さ当たりの地盤の剛性係数に対する定数（一般に概ね C_1=1.5, C_2=3.0 前後になると想定される）

E　　　　：管の弾性係数（kN/m²）

A　　　　：管の断面積（m²）

I　　　　：管の断面2次モーメント（m⁴）

（4）継手伸縮量と継手屈曲角度

継手伸縮量および継手屈曲角度は式（3.50）（3.51）によって計算できる。各々の式の導出は巻末資料8、9を参照のこと。

継手伸縮量　　$\left| u_J \right| = u_0\, \overline{u_J}$　　　　　　　　　　　　　　　　　（3.50）

$$\overline{u_J} = \frac{2\,\gamma_1 \left| \cosh\beta_1 - \cos\gamma_1 \right|}{\beta_1 \sinh\beta_1}$$

$$u_0 = \alpha_1 U_a \qquad \left(U_a = \frac{1}{\sqrt{2}}\, U_h' \right)$$

$$\alpha_1 = \frac{1}{1 + \left(\gamma_1 / \beta_1 \right)^2}$$

$$\beta_1 = \lambda_1 l = \sqrt{\frac{k_{g1}}{EA}}\, l$$

$$\gamma_1 = \frac{2\pi l}{L'}$$

継手屈曲角度 $\theta = \dfrac{4\pi^2 l \, U_h{}'}{L^2}$ \hfill (3.51)

ここに、

$|u_J|$ ：継手伸縮量（m）

θ ：継手屈曲角度（°）

l ：管長（m）

U_a ：地盤の不均一性を考慮した管軸方向の水平変位振幅（m）

（その他は管体応力と同じ）

継手伸縮量は2.1で述べた八戸市内における地震時管路挙動調査結果にもとづき震度4以上の時には式（3.52）によって計算してもよい。

$$|u_J| = \varepsilon_G l \hfill (3.52)$$

ここに、

ε_G ：地盤ひずみ $\left(= \dfrac{\pi U_h{}'}{L}\right)$

l ：管長（m）

3.5 地盤変状に対する耐震設計方法

1）考慮すべき地盤変位と地盤ひずみ

（1）液状化に伴う地盤沈下量

液状化に伴う地盤沈下量は、浜田ら[15]が1964年新潟地震および1983年日本海中部地震前後の航空写真測量から求めた式（3.53）で得られる。

$$\delta_V = 0.15\sqrt{H} \hfill (3.53)$$

ここに、

δ_V ：液状化に伴う地盤沈下量（m）

H ：液状化層厚（m）

（2）側方流動による地盤ひずみ

「水道施設耐震工法設計指針・解説」（2009年版）[5]では地盤変状に対する耐震設計において考慮すべき地盤ひずみや地盤変位が次の通り設定されている。

これらは1964年新潟地震や1995年兵庫県南部地震における実測値をもとに設定されており、下限値と上限値は非超過確率70％と90％の値である。

　①護岸近傍における地盤の引張りひずみ
　　護岸の法線方向の地盤引張りひずみは1.2〜2.0％

　②埋立地および河川流域の内陸部における地盤の引張りひずみ
　　護岸線より100m以上離れた領域における地盤の引張りひずみは1.0〜1.5％

　③埋立地や河川流域における地盤の圧縮ひずみ
　　側方流動によって生じる地盤の圧縮ひずみは1.0〜1.5％

（3）傾斜した液状化地盤の変位とひずみ

傾斜した液状化地盤の変位は1948年福井地震、1964年新潟地震および1983年日本海中部地震における実測値をもとにして得られた式（3.54）で推定できる。kの値は0.77〜0.96の範囲で示され、下限値と上限値は非超過確率70％と90％の値である。

$$\delta_h = k\,H_S\,\theta \tag{3.54}$$

ここに、
　δ_h　：地盤の水平変位（m）
　k　　：係数（0.77〜0.96）
　H_S　：液状化層厚の総和（m）
　θ　　：地表面の傾き（%）

変位分布を図3.5.1に示すように直線状に仮定すると、地盤ひずみは式

3 埋設管路の耐震設計

(3.55) で与えられる。

$$\varepsilon_h = \frac{2\delta_h}{L} \qquad\qquad (3.55)$$

ここに、

   ε_h ：地盤ひずみ

   L ：斜面長（m）

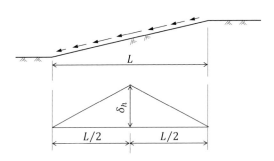

図3.5.1　傾斜地における地盤変位分布

斜面長 L は地形条件の調査によって定めることを原則とするが、調査事例から350～780mを参考にして定めてもよい。

（4）傾斜した人工改変地盤での地盤ひずみ

勾配が平均的に10％以上で谷地や溜池などを埋め立てた造成地および盛土地において、レベル２地震動を想定した場合の傾斜地盤（非液状化）の地盤ひずみは1.0～1.7％とする。

２）鎖構造管路の地盤変状に対する耐震計算法
（1）管軸方向の地盤ひずみ

管路の継手部の全伸縮量が地盤の変位よりも大きく、地盤変位を管路の継手部の伸縮で吸収できるかどうかを式（3.56）により照査する。

$$n\,\delta_m > \varepsilon_G L \qquad\qquad (3.56)$$

ここに、

ε_G ：地盤ひずみ

L ：地盤ひずみが生じる範囲の距離（m）

n ：対象とする管路内にある継手数（個）

δ_m ：継手の設計照査用最大伸縮量（m）

　上記を満足できない場合、すなわち、対象管路の継手部がすべて伸び切った状態になる場合には、管路に作用する管と地盤との摩擦力が一つの継手の離脱防止性能より小さいことを確認することで照査できる。

$$F_p > \pi D \alpha \tau L_a \tag{3.57}$$

ここに、

F_p ：継手の離脱防止性能（kN）

D ：管の外径（m）

α ：摩擦力の低減係数（表3.5.1）

τ ：管と地盤との摩擦力（kN/m^2）

L_a ：継手が伸び切った状態の管路延長（m）

　2.2.2で述べたように、液状化地盤では管と地盤との地盤反力係数が低下する。これは管軸方向を考えれば管と地盤との摩擦力が通常の地盤より小さくなることを意味している。「道路橋示方書・同解説」（2012年）では、F_L値が1/3以下の完全に液状化した地盤で管路が埋設されているような浅い深度の場合には、表3.5.1のように動的せん断強度比 R に応じて土質定数の低減係数が示されている[16]。これによると、管と地盤との摩擦力も通常の地盤で用いる10kN/m^{2}の1/6程度に設定すれば良いことになる。

表3.5.1　土質定数の低減係数[16]

F_L の範囲	地表面からの深度 x（m）	動的せん断強度比 R	
		$R \leqq 0.3$	$R > 0.3$
$F_L \leqq 1/3$	$0 \leqq x \leqq 10$	0	1/6

（2）地盤沈下および側方流動

図3.5.2に地盤沈下や側方流動など管軸直交方向に地盤変状が発生した場合の変位吸収例（直管11本の場合）を示す。式（3.58）で計算できる管路の最大変位量 H_{max} が予想される地盤変位量 H_V より大きければ地盤変位を吸収できる。

$$H_{max} = l\ (\tan\theta_m + \tan 2\theta_m + \tan 3\theta_m + \cdots + \tan 2\theta_m + \tan\theta_m) > H_V \tag{3.58}$$

ここに、

H_{max} ：管路の最大変位量（m）
H_V ：地盤変位量（地盤沈下、側方流動）（m）
l ：管長（m）
θ_m ：継手の最大屈曲角度（°）

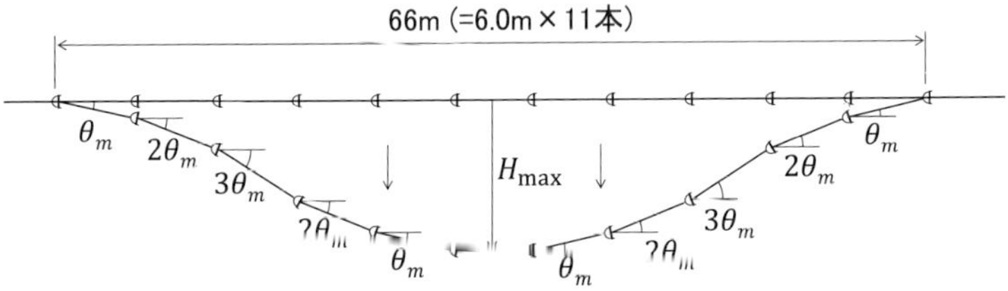

図3.5.2　管軸直交方向の地盤変位吸収例

（3）構造物との取り合い部

構造物との取り合い部では図3.5.3に示すように継ぎ輪を2個使用して管路の変位吸収性能を高めるのが一般である。この場合、式（3.59）によって計算できる管路の最大変位量 H_{max} が予想される地盤沈下量 H_V より大きければ地盤沈下を吸収可能である。H_{max} が H_V 以下の場合には継ぎ輪間の管長を長くするか、継ぎ輪を4個使用して再検討する。

$$H_{max} = l \tan 2\theta_m > H_V \tag{3.59}$$

ここに、

H_{max} ：管路の最大変位量（m）
H_V ：地盤沈下量（m）

θ_m ：継手の最大屈曲角度（°）

l ：継ぎ輪間距離（m）

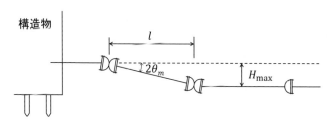

図3.5.3　構造物との取り合い部の配管例

3.6　地震応答解析手法

1）伝達マトリックス法

伝達マトリックス法は線形常微分方程式の一般解を基礎とし、マトリックスの掛け算による移行計算を主体とした解析手法である。図3.6.1に示すように埋設管を弾性床上の梁としてモデル化し、埋設管は弾性挙動するものとし、管軸方向ばねと回転ばねを有する継手でつながれているものとする。なお、埋設管においては慣性力と減衰の影響は少ないと考え、疑似静的解析を行う。このときの運動方程式は前述の式（3.21）、（3.22）と同じである。

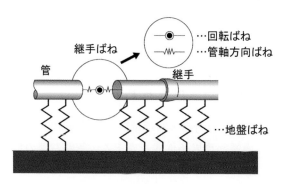

図3.6.1　解析モデル

はり l_k の両端における状態量ベクトル V^L_k、V^R_k の間には次の格間伝達式が成立する。状態量ベクトルとは、はり要素の両端（V^R：右側、V^L：左側）の軸方向変位、たわみ、たわみ角、軸力、曲げモーメント、せん断力の6つの物理量および荷重項を要素とする列ベクトルである。

$$V^R_k = F_k V^L_k \tag{3.60}$$

ここに F_k は、はり要素の幾何学的条件と荷重項によって表されるマトリックスで、格間伝達マトリックスと呼ばれ、はりの左端の状態量ベクトル V^L_k を右側に伝達する役目を果たす。

次に、埋設管路の継手部でのつり合いを考える。

$$V^L_{k+1} = P_k V^R_k \tag{3.61}$$

ここに P_k は格点伝達マトリックスと呼ばれ、継手部のばねを要素とし、はり l_k の右側の状態量ベクトル V^R_k を、継手を超えてはり l_{k+1} の左側に伝達する役目を果たす。

式（3.61）に式（3.60）を代入すると次式が得られる。

$$V^L_{k+1} = P_k F_k V^L_k \tag{3.62}$$

式（3.62）は、はり l_k の左側の状態量ベクトル V^L_k が、格間伝達マトリックス F_k と格点伝達マトリックス P_k の前掛けによって、はり l_{k+1} の左側まで伝達されたことを示している。同様にして、はり $l_k = l_1$、l_2、l_3・・・l_Nについて、格間伝達マトリックスと格点伝達マトリックスが求められるので、式（3.62）に示す伝達計算をはり l_1 から順次繰り返し行うと、管路の左端の状態量ベクトル V^L_1 は右端まで伝達される。すなわち、

$$V^R_N = F_N P_{N-1} F_{N-1}・・・P_2 F_2 P_1 F_1 V^L_1 \tag{3.63}$$

式（3.63）は、管路の両端の物理量のみに関係する線形方程式である。

ここで、管路両端の境界条件式を考える。管路左端の境界条件式は次式により表される。

$$V^L_1 = R A^L_1 \tag{3.64}$$

ここに、Rは、はりの左端の条件を表すマトリックスで境界マトリックスと呼ばれている。A^L_1は左端の自由度からなるベクトルで初期ベクトルと呼ばれる。一方、管路右端の境界条件は次式により表される。

$$R' \, V^R_N = 0 \tag{3.65}$$

ここに、R' は右端の境界条件を表しており、右端の境界マトリックスと呼ばれている。

式（3.63）に両端の境界条件式である式（3.64）、（3.65）を代入すると次式を得る。

$$R' \, F_N \, P_{N\text{-}1} \, F_{N\text{-}1} \cdots P_2 \, F_2 \, P_1 \, F_1 \, R \, A^L_1 = 0 \tag{3.66}$$

式（3.66）を解くと、左端の未知量が求められ、再びはり l_1 より格間伝達式を繰り返して用いると、すべてのはりの状態量ベクトルが計算される。

伝達マトリックス法では前述した通りマトリックスの掛け算を繰り返すので、数値計算において桁落ちが生じることが予想される。これには伝達マトリックスの数値要素を任意の基準定数を用いて基準化し1に近い数値で伝達することが考えられる。また、中村[17] によって提案された数値誤差の改善を考慮した伝達マトリックス法は、物理量そのものを伝達するのではなく、2点間の物理量の関係を伝達する方法である。この詳細は巻末資料10を参照されたい。

2）FEM（有限要素法）解析[18)～22)]

（1）FEM解析の基本

異形管部など複雑な形状の管路や液状化、断層横断部など大きな地盤変位が発生する場合の埋設管路の挙動計算にはFEM解析が用いられる。

変位－ひずみマトリックス $[B]$ と応力－ひずみマトリックス $[D]$ を導入する。線形・静的解析の場合には、要素の変位ベクトル $\{\delta\}$、ひずみベクトル $\{\varepsilon\}$、応力ベクトル $\{\sigma\}$ の関係は以下の通りとなる。

$$\{\varepsilon\} = [B]\{\delta\} \tag{3.67}$$

$$\{\sigma\} = [D]\{\varepsilon\} \tag{3.68}$$

$$= [D][B]\{\delta\}$$

　FEMは仮想仕事の原理を用いて定式化される。物体の体積を V、力の境界を S とした場合、仮想仕事の原理は次のようになる。

$$\int_S \{\delta^*\}^T\{P\}\,dS = \int_V \{\varepsilon^*\}^T\{\sigma\}\,dV - \int_V \{\delta^*\}^T\{F\}\,dV \tag{3.69}$$

　ここに $\{\delta^*\}$ は仮想変位ベクトル、$\{P\}$ は表面力ベクトル、$\{F\}$ は体積力ベクトル、$\{\varepsilon^*\}$ は仮想変位に対するひずみベクトル、$\{\sigma\}$ は応力ベクトルである。

　ここで体積力を考えないこととすると、式 (3.69) は以下の通りとなる。

$$\int_S \{\delta^*\}^T\{P\}\,dS = \int_V \{\varepsilon^*\}^T\{\sigma\}\,dV \tag{3.70}$$

　ここで表面力 $\{P\}$ がなす仕事と離散化した節点力 $\{f\}$ がなす仕事が等しくなるように節点力 $\{f\}$ を定義する。このとき式 (3.70) 左辺は次の式の通り変形できる。

$$\int_S \{\delta^*\}^T\{P\}\,dS = \{\delta^*\}^T\{f\} \tag{3.71}$$

　式 (3.70) 右辺に式 (3.67)、式 (3.68) を代入すると以下の通りとなる、

$$\int_V \{\varepsilon^*\}^T\{\sigma\}\,dV = \int_V ([B]\{\delta^*\})^T[D][B]\{\delta\}\,dV$$

$$= \{\delta^*\}^T \int_V ([B]^T[D][B]\,dV \cdot \{\delta\} \tag{3.72}$$

　式 (3.71) と式 (3.72) より、式 (3.73) の剛性方程式が得られる。

$$\int_S \{P\}\,dS = \{f\} = \int_V [B]^T[D][B]\,dV \cdot \{\delta\} = [K]\{\delta\} \tag{3.73}$$

　マトリックス $[K]$ は、系の剛性を表すという意味で剛性マトリックスという。有限要素法では、各要素に対して、要素剛性方程式 $\{f\} = [K]\{\delta\}$ を考え、これらを重ね合わせの原理により、系全体の剛性方程式 $\{F\} = [K]\{\Delta\}$ が得られ、これを解くことで変位、応力を求める。

（2）埋設管路のモデル化

　埋設管路の計算では、図3.6.2に示すように、管路をはり、地盤特性および継手特性をばねとしたはり－ばねモデルによる検討が一般的である。

　地盤を地盤節点、地盤ばねを管軸方向と管軸直交方向にそれぞれ配置することで地盤特性をモデル化する。埋設管路の計算に用いられる応答変位法の場合には、地盤節点に強制変位を与えることで地盤変位を入力する。

　継手構造管路の場合、継手特性を継手ばねでモデル化する。伸縮特性を管軸方向ばね、せん断に対する抵抗を管軸直交方向ばね、および継手の屈曲特性を回転ばねでモデル化する。

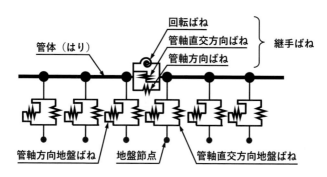

図3.6.2　埋設管路のはり－ばねモデル

（3）はり－ばねモデルの剛性方程式

　図3.6.3に示す継手ばね、地盤ばねの両方とつながった要素 i の剛性方程式と剛性マトリックスは、はり要素、およびばね（継手・地盤）要素の重ね合わせによって求められる。

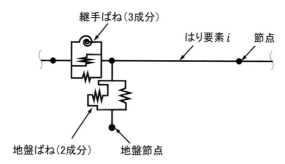

図3.6.3　継手ばね・地盤ばねとつながったはり要素 i

①はり要素の剛性方程式

図3.6.4に示す軸力 (p_i, p_j) と管軸直交成分の節点力 (s_i, s_j)、モーメント (M_i, M_j) を考慮したはりの剛性方程式、剛性マトリックスは式 (3.74) の通りとなる。

$$\{f_b\} = [K_b]\{\delta_b\} \tag{3.74}$$

すなわち、

$$
\begin{Bmatrix} p_i \\ s_i \\ M_i \\ p_j \\ s_j \\ M_j \end{Bmatrix} =
\begin{bmatrix}
\dfrac{EA}{l} & 0 & 0 & -\dfrac{EA}{l} & 0 & 0 \\
0 & \dfrac{12EI}{l^3} & \dfrac{6EI}{l^2} & 0 & -\dfrac{12EI}{l^3} & \dfrac{6EI}{l^2} \\
0 & \dfrac{6EI}{l^2} & \dfrac{4EI}{l} & 0 & -\dfrac{6EI}{l^2} & \dfrac{2EI}{l} \\
-\dfrac{EA}{l} & 0 & 0 & \dfrac{EA}{l} & 0 & 0 \\
0 & -\dfrac{12EI}{l^3} & -\dfrac{6EI}{l^2} & 0 & \dfrac{12EI}{l^3} & -\dfrac{6EI}{l^2} \\
0 & \dfrac{6EI}{l^2} & \dfrac{2EI}{l} & 0 & -\dfrac{6EI}{l^2} & \dfrac{4EI}{l}
\end{bmatrix}
\begin{Bmatrix} u_i \\ v_i \\ \phi_i \\ u_j \\ v_j \\ \phi_j \end{Bmatrix}
$$

ここに、

$\{f_b\}$	：節点力ベクトル	A	：はりの断面積
$[K_b]$	：剛性マトリックス	l	：要素長さ
$\{\delta_b\}$	：節点変位ベクトル	I	：はりの断面二次モーメント
p_i、p_j	：節点i、jの軸力	u_i、u_j	：節点i、jのx方向変位
s_i、s_j	：節点i、jのせん断力	v_i、v_j	：節点i、jのy方向変位
M_i、M_j	：節点i、jのモーメント	ϕ_i、ϕ_j	：節点i、jの回転角
E	：はりの弾性係数		

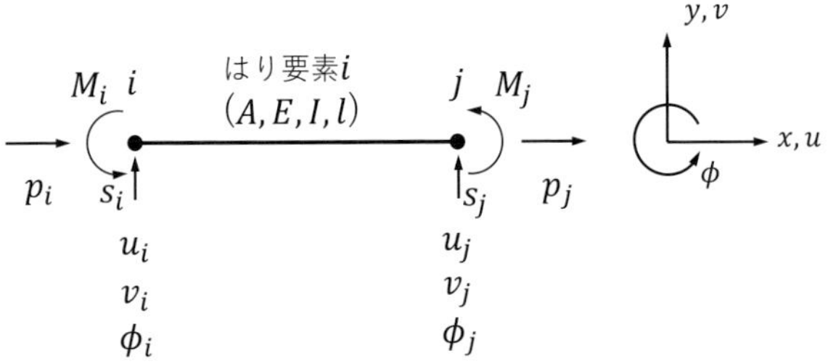

図3.6.4　はり要素の座標系

②ばね要素（継手・地盤）の剛性方程式

図3.6.5に示すばね要素の剛性方程式、剛性マトリックスはフックの法則により式（3.75）で示される。

$$\{f_S\} = [K_S]\{\delta_S\} \tag{3.75}$$

すなわち、

$$
\begin{Bmatrix} p_i \\ s_i \\ M_i \\ p_m \\ s_m \\ M_m \\ p_n \\ s_n \end{Bmatrix}
=
\begin{bmatrix}
k_a + k_{ga} & 0 & 0 & -k_a & 0 & 0 & -k_{ga} & 0 \\
0 & k_s + k_{gs} & 0 & 0 & -k_s & 0 & 0 & -k_{gs} \\
0 & 0 & k_r & 0 & 0 & -k_r & 0 & 0 \\
-k_a & 0 & 0 & k_a & 0 & 0 & 0 & 0 \\
0 & -k_s & 0 & 0 & k_s & 0 & 0 & 0 \\
0 & 0 & -k_r & 0 & 0 & k_r & 0 & 0 \\
-k_{ga} & 0 & 0 & 0 & 0 & 0 & k_{ga} & 0 \\
0 & -k_{gs} & 0 & 0 & 0 & 0 & 0 & k_{gs}
\end{bmatrix}
\begin{Bmatrix} u_i \\ v_i \\ \phi_i \\ u_m \\ v_m \\ \phi_m \\ u_n \\ v_n \end{Bmatrix}
$$

ここに、

k_a：管軸方向の継手ばね係数 　　k_{ga}：管軸方向の地盤ばね係数

k_S：管軸直交方向の継手ばね係数 　k_{gS}：管軸直交方向の地盤ばね係数

k_r：回転方向の継手ばね係数

p_i、p_m、p_n 　：節点 i、m、n の軸力

s_i、s_m、s_n 　：節点 i、m、n のせん断力

M_i、M_m 　　　：節点 i、m のモーメント

u_i、u_m、u_n 　：節点 i、m、n の x 方向変位

v_i、v_m、v_n 　：節点 i、m、n の y 方向変位

ϕ_i、ϕ_m 　　　：節点 i、m の回転角

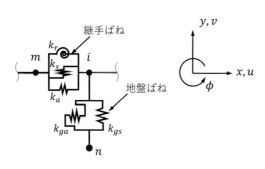

図3.6.5　ばね要素の座標系

式（3.74）と式（3.75）を重ね合わせ、継手ばね・地盤ばねの両方につながった要素 i の剛性方程式と剛性マトリックスは式(3.76)の通りとなる。

$$\{f_i\} = [K_i]\{\delta_i\} \tag{3.76}$$

すなわち、

$$
\begin{Bmatrix} p_i \\ s_i \\ M_i \\ p_j \\ s_j \\ M_j \\ p_m \\ s_m \\ M_m \\ p_n \\ s_n \end{Bmatrix}
=
\begin{bmatrix}
\frac{EA}{l}+k_a+k_{ga} & 0 & 0 & -\frac{EA}{l} & 0 & 0 & -k_a & 0 & 0 & -k_{ga} & 0 \\
0 & \frac{12EI}{l^3}+k_s+k_{gs} & \frac{6EI}{l^2} & 0 & -\frac{12EI}{l^3} & \frac{6EI}{l^2} & 0 & -k_s & 0 & 0 & -k_{gs} \\
0 & \frac{6EI}{l^2} & \frac{4EI}{l}+k_r & 0 & -\frac{6EI}{l^2} & \frac{2EI}{l} & 0 & 0 & -k_r & 0 & 0 \\
-\frac{EA}{l} & 0 & 0 & \frac{EA}{l} & 0 & 0 & 0 & 0 & 0 & 0 & 0 \\
0 & -\frac{12EI}{l^3} & -\frac{6EI}{l^2} & 0 & \frac{12EI}{l^3} & -\frac{6EI}{l^2} & 0 & 0 & 0 & 0 & 0 \\
0 & \frac{6EI}{l^2} & \frac{2EI}{l} & 0 & -\frac{6EI}{l^2} & \frac{4EI}{l} & 0 & 0 & 0 & 0 & 0 \\
-k_a & 0 & 0 & 0 & 0 & 0 & k_a & 0 & 0 & 0 & 0 \\
0 & -k_s & 0 & 0 & 0 & 0 & 0 & k_s & 0 & 0 & 0 \\
0 & 0 & -k_r & 0 & 0 & 0 & 0 & 0 & k_r & 0 & 0 \\
-k_{ga} & 0 & 0 & 0 & 0 & 0 & 0 & 0 & 0 & k_{ga} & 0 \\
0 & -k_{gs} & 0 & 0 & 0 & 0 & 0 & 0 & 0 & 0 & k_{gs}
\end{bmatrix}
\begin{Bmatrix} u_i \\ v_i \\ \phi_i \\ u_j \\ v_j \\ \phi_j \\ u_m \\ v_m \\ \phi_m \\ u_n \\ v_n \end{Bmatrix}
$$

図3.6.6に示す継手のない要素の剛性方程式と剛性マトリックスは、はり要素と式（3.75）の地盤ばねのみの項を重ね合わせ、式（3.77）の通りとなる。

$$\{f_i\} = [K_i]\{\delta_i\} \tag{3.77}$$

すなわち、

$$
\begin{Bmatrix} p_i \\ s_i \\ M_i \\ p_j \\ s_j \\ M_j \\ p_n \\ s_n \end{Bmatrix}
=
\begin{bmatrix}
\frac{EA}{l}+k_{ga} & 0 & 0 & -\frac{EA}{l} & 0 & 0 & -k_{ga} & 0 \\
0 & \frac{12EI}{l^3}+k_{gs} & \frac{6EI}{l^2} & 0 & -\frac{12EI}{l^3} & \frac{6EI}{l^2} & 0 & -k_{gs} \\
0 & \frac{6EI}{l^2} & \frac{4EI}{l} & 0 & -\frac{6EI}{l^2} & \frac{2EI}{l} & 0 & 0 \\
-\frac{EA}{l} & 0 & 0 & \frac{EA}{l} & 0 & 0 & 0 & 0 \\
0 & -\frac{12EI}{l^3} & -\frac{6EI}{l^2} & 0 & \frac{12EI}{l^3} & -\frac{6EI}{l^2} & 0 & 0 \\
0 & \frac{6EI}{l^2} & \frac{2EI}{l} & 0 & -\frac{6EI}{l^2} & \frac{4EI}{l} & 0 & 0 \\
-k_{ga} & 0 & 0 & 0 & 0 & 0 & k_{ga} & 0 \\
0 & -k_{gs} & 0 & 0 & 0 & 0 & 0 & k_{gs}
\end{bmatrix}
\begin{Bmatrix} u_i \\ v_i \\ \phi_i \\ u_j \\ v_j \\ \phi_j \\ u_n \\ v_n \end{Bmatrix}
$$

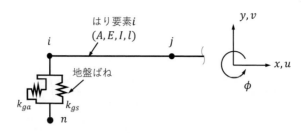

図3.6.6　継手がなく地盤ばねとのみつながったはり要素 i

　すべてのはり要素の剛性方程式を加算することで、はり−ばねモデルの全体剛性方程式が得られ、これに境界条件を入力することで、系の変位を算出できる。例えば、地震動による地盤節点の変位（u_n、v_n）を境界条件としてあたえ、全体剛性方程式を解くことで、管路の変形状態および応力状態を得ることができる。

　本書では、管路をはりとした「はり−ばねモデル」について示したが、大口径の管路の場合は管を薄肉円筒のシェル要素としてモデル化することが多い。

（4）非線形解析

　地盤ばねや継手ばねは3.7の図3.7.3や図3.7.4に示すようにバイリニアモデルで与えられる場合が多く、その場合にはばねの非線形性を考慮する必要がある。

　また、ここまで地盤ばねは変位前の管に直交し方向が変化しないとした線形解析を説明した。液状化に伴う変位や断層変位のような大きい地盤変位を受ける場合には、地盤ばねが管や地盤の動きに追随して常に管に直交するよう方向が変わる幾何学的非線形（図3.6.7）を考慮する必要がある。これら非線形解析の定式化については他書を参照いただきたい[23]〜[25]。

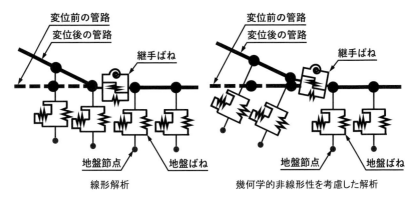

図3.6.7　幾何学的非線形性を考慮した地盤ばね

3.7　断層横断部の管路設計[26]、[27]

3.7.1　管路設計の手順

1）管路設計のフロー

　断層変位には、2.3で述べたように地中の断層のずれが地表面近くまで達する地表面断層、および断層のずれが地表面まで達せずにたわみとして緩やかに地盤変位が生じる撓曲と呼ばれるものがある。

　撓曲状の断層変位は広い範囲に緩やかに地盤変位が生じるため、耐震継手ダクタイル鉄管（HRDIP）を用いれば基本的に特別な断層対策は不要である。ここでは、断層面を境にせん断状のずれが生じるために管路にとっても厳しい条件となる地表面断層を対象として、耐震継手ダクタイル鉄管（HRDIP）を用いた断層横断部の管路設計方法を説明する。ここで示す設計方法は正断層、逆断層、横ずれ断層いずれにも適用できる。

　図3.7.1に断層横断部の管路設計のフロー図を示す。

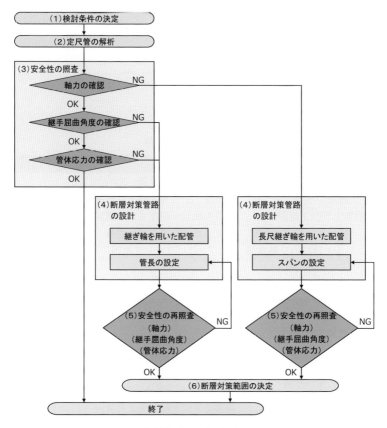

図3.7.1　断層横断部の管路設計フロー図

2）管路設計の手順

（1）検討条件の決定

①断層諸元の準備

　検討に先立ち、表3.7.1～2に示す断層条件および断層パラメータを準備する。図3.7.2で定義される断層ベクトルと管路の交差角 θ は、表3.7.2に示す断層パラメータを用いて式（3.78）により求められる。

$$\theta = \cos^{-1}\left[\cos\left(\gamma - a\right)\cos\varphi\right] \tag{3.78}$$

ここに、

　　θ　：断層ベクトルと管路の交差角（°）

　　γ　：断層ベクトルの方位角（°）

　　α　：管路の方位角（°）

　　ϕ　：断層ベクトルの仰角（°）

表3.7.1　断層条件

項　目	内　容
断層の位置	断層が出現する位置
断層の種類	正断層・逆断層・横ずれ断層
断層出現想定範囲	断層の出現が想定される範囲
断層変位量	想定される断層のずれの量
断層ベクトルと管路の交差角 θ	表3.7.2のパラメータを用いて式（3.78）より算出

表3.7.2　断層パラメータ

項　目	内　容
断層の走向	断層面と水平面の交わる線の方向 （北を基準に時計回り）
断層の傾斜角	断層面の水平面からの傾斜角
断層のすべり角	断層のすべり方向 （断層の走行を基準に反時計回り）
断層ベクトルの方位角 γ	断層の走向と傾斜角より算出 （北を基準に反時計回り）
管路の方位角 α	北を基準とした管路の向き （北を基準に反時計回り）
断層ベクトルの仰角 ϕ	断層ベクトルと水平面がなす角

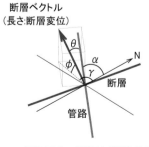

図3.7.2　断層と管路の交差角

②地盤条件

次に表3.7.3に示す地盤条件から解析に用いる図3.7.3に示す管軸方向と管軸直交方向の2種類の地盤ばねを決定する。いずれも、地盤の非線形性を考慮したバイリニアモデルで与えられる。管軸方向地盤ばね係数 k_1、k_2 は式(3.79)、式(3.80)、および管軸直交方向地盤ばね係数 k_{1y}、k_{2y} は式(3.81)、式(3.82)で求められる。

$$k_1 = \pi D \gamma_t \left(h + \frac{D}{2} \right) \frac{l}{\delta_g} \tan \Delta \tag{3.79}$$

$$k_2 = 0.001 k_1 \tag{3.80}$$

$$k_{1y} = kDl \tag{3.81}$$

$$k_{2y} = 0.001 k_{1y} \tag{3.82}$$

ここに、

k_1、k_2	:管軸方向地盤ばね係数（kN/m）
k_{1y}、k_{2y}	:管軸直交方向地盤ばね係数（kN/m）
D	:管外径（m）
γ_t	:土の単位体積重量（kN/m³）
h	:土被り（m）
Δ	:土の内部摩擦角（°）
δ_g	:管軸方向地盤ばねの変曲点（m）（図3.7.3参照）
k	:地盤反力係数（kN/m³）
l	:管長（m）

表3.7.3　地盤条件

項　目	内　容
地盤反力係数	地盤への載荷荷重と沈下量より求めた係数
N 値	地盤反力係数への換算に使用
単位体積重量	土の単位体積重量

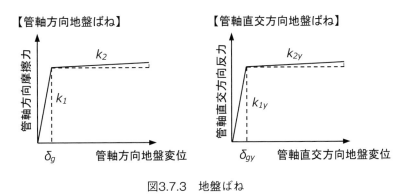

図3.7.3　地盤ばね

③継手特性

　使用する耐震継手ダクタイル鉄管（HRDIP）の種類と呼び径に応じて、継手ばね係数を決定する。

　図3.7.4に継手ばねを示す。管軸方向ばね、管軸直交方向ばね、回転ばねの３種類のばねが用いられ、いずれも接合した状態での各種試験で求められる。管軸方向ばねおよび回転ばねはバイリニアなばねとしてモデル化される。

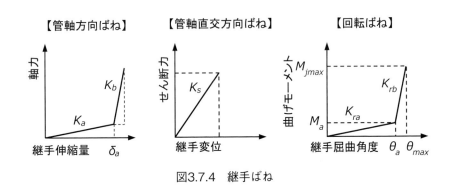

図3.7.4　継手ばね

（2）定尺管の解析

　ＦＥＭ解析もしくは簡易計算法を用いて、定尺管を用いた場合の軸力、継手屈曲角度、および管体応力を計算する。

（3）安全性の照査

　求められた軸力、継手屈曲角度、および管体応力が表3.7.4に示す設計照査基準を全て満たすか安全性を照査する。この基準で設計すれば弾性設計されることになる。

表3.7.4　設計照査基準

照査項目	照査基準
軸力	3DkN以下（D：管の呼び径）
継手屈曲角度	最大屈曲角度※以下
管体応力	0.2%耐力（270N/mm²）以下

※　最大屈曲角度は継手形式、呼び径により異なる（巻末資料5を参照）

（4）断層対策管路の設計

① 継手屈曲角度あるいは管体応力が設計照査基準を超える場合には、継ぎ輪を管路内に設置した配管を検討する。継ぎ輪は両側に継手を有することから、最大屈曲角度が通常の継手の2倍になるために、継手屈曲角度および管体応力を軽減できる。特に呼び径1000以下の管に有効である。
② 軸力が設計照査基準を超える場合には長尺継ぎ輪の設置を検討する。数mにもなる大きな断層変位では多くの継手が離脱防止状態になり、その区間の管と地盤との摩擦力が作用する。長尺継ぎ輪は通常の継手の約10倍の伸び量（または、縮み量）を有するために、大きな断層変位に対しても離脱防止状態になる継手の数を減らすことが可能で軸力を軽減でき、特に呼び径1100以上の管に有効である。
　長尺継ぎ輪の設置間隔（以下、スパンs）は、図3.7.5に示すように断層を挟んで、継手屈曲角度が解析で1°以下となる箇所に設置する。

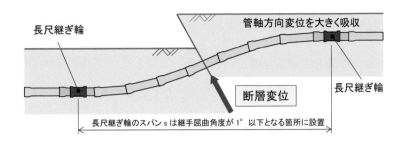

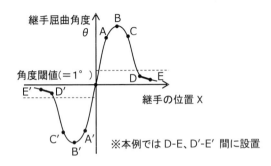

ここに、
X＝0 が断層面の位置
継手屈曲角度の正負は屈曲の向きである。

図3.7.5　長尺継ぎ輪の設置位置

（5）対策後の安全性の再照査

　定尺管と同じ方法で対策後の安全性を照査する。その結果、対策後にも軸力、継手屈曲角度および管体応力が設計照査基準を超える場合には次の方法で再検討する。

①継ぎ輪を用いた配管の場合には管長を短くし、再度安全性を照査する。

②長尺継ぎ輪を用いた配管の場合には長尺継ぎ輪のスパンを短くし、再度安全性を照査する。

（6）断層対策範囲の決定

　2.3で述べたように地表面に出現する断層の位置は正確には特定できないので、断層出現想定範囲として幅を持って示されることが多い。従って断層出現想定範囲内のどこに断層変位が生じても安全な配管とする必要が

ある。長尺継ぎ輪を用いた配管では図3.7.6に示すように断層出現想定範囲
を挟むように長尺継ぎ輪を設置する。

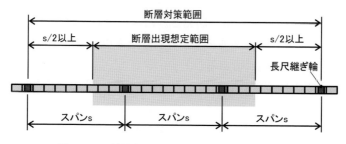

図3.7.6　断層出現想定範囲を考慮した配管

3.7.2　FEM解析を用いた大口径管路の設計事例
1）FEM解析の有効性

　3.6で説明した管路と地盤の幾何学的非線形性を考慮したシェル要素に
よるFEM解析を用いた大口径耐震継手ダクタイル鉄管（HRDIP）の断
層横断部における管路の設計事例を紹介する。

　まず、このFEM解析の有効性を説明する。図3.7.7に2.3で述べたコー
ネル大学における横ずれ断層の実験において計測された継手屈曲角度とF
EM解析により得られた結果の比較を示す。両者は良く一致しており、こ
のFEM手法が断層横断部の管路設計に有効なことが検証できた。

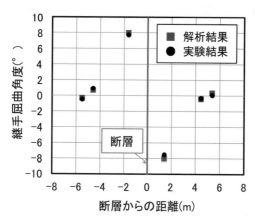

図3.7.7　実験結果とFEM解析結果の比較

2）設計条件

　図3.7.8に設計条件として管路、断層条件および地盤条件を示す。

　管は呼び径1500US形ダクタイル鉄管である。US形ダクタイル鉄管は
シールドトンネル内配管用に開発された大口径耐震継手ダクタイル鉄管
（HRDIP）であり、トンネル内という特性を考慮して継手伸縮量は管長の
±0.5%（＝±47.5mm）である。

　断層は水平方向変位1.7m、鉛直方向変位3.0m、交差角度60°の逆断層と
した。

　解析は3次元シェル要素を用い、図3.7.9に地盤ばねを示し、図3.7.10に
継手ばねを示す。継手ばねは実際の管を使用した試験結果にもとづき設定
した。

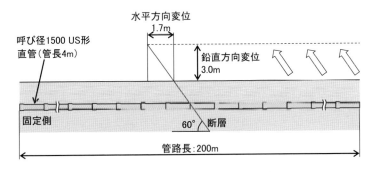

項　目		解析条件
管路	継手の種類	呼び径1500 US形
	管種	1種（管厚23.5 mm）
	管路長	200 m
	継手伸縮量	±47.5 mm
	最大屈曲角度	4°
	長尺継ぎ輪伸縮量	−600 mm（圧縮）
断層	断層の種類	逆断層（交差角度60°）
	断層変位量	鉛直：3.0 m、水平：1.7 m
地盤	地盤反力係数	33,827 kN/m³（N値50相当）
	土被り	3.0 m

図3.7.8　設計条件

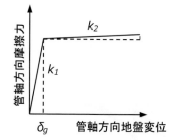

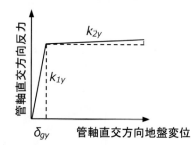

	管軸方向ばね		管軸直交方向ばね
k_1	3.66×10^4 (kN/m)	k_{1y}	5.26×10^4 (kN/m)
k_2	3.66×10^1 (kN/m)	k_{2y}	5.26×10^1 (kN/m)
δ_g	0.002 (m)	δ_{gy}	0.002 (m)

図3.7.9　地盤ばね

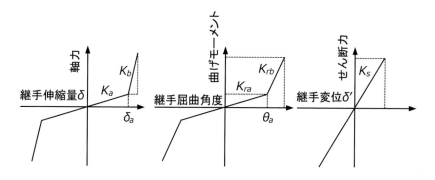

	管軸方向ばね		回転ばね		管軸直交方向ばね
K_a	9.2×10^3 (kN/m)	K_{ra}	1.66×10^2 (kN・m/°)	K_s	2.00×10^6 (kN/m)
K_b	1.98×10^6 (kN/m)	K_{rb}	4.28×10^4 (kN・m/°)		
δ_a	0.0475 (m)	θ_a	3.2 (°)		

図3.7.10　継手ばね（呼び径1500 US形ダクタイル鉄管）

3）管路設計

（1）定尺管の解析、安全性の照査

　図3.7.11に軸力の解析結果を示す。最大軸力は9,460kNであり設計照査基準の３DkN（＝4,500kN）を超過していた。したがって、断層を挟んで長尺継ぎ輪を設置する必要がある。

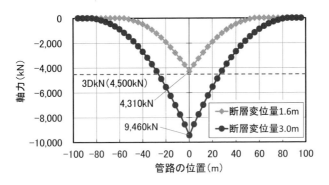

図3.7.11　軸力の解析結果

　なお、定尺管のみの配管で断層変位が1.6mの場合の軸力を図3.7.11に合わせて示しているが、最大軸力は4,310kNと設計照査基準以下であった。このことから、耐震継手ダクタイル鉄管（HRDIP）は地盤条件にもよるが断層変位が概ね1.5m以内であれば、特別な対策を取らない通常の配管でも安全であることが言える。

（2）長尺継ぎ輪の設置（断層対策管路の設計）

　図3.7.12に継手屈曲角度の解析結果を示す。継手屈曲角度が１°以下である位置として断層を挟んだスパン s ＝36mの位置に長尺継ぎ輪を設置すればよいことになる。

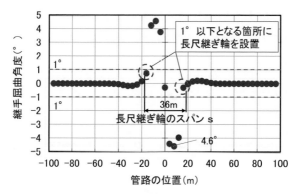

図3.7.12　継手屈曲角度と長尺継ぎ輪のスパン

（3）長尺継ぎ輪設置後の安全性の再照査

　長尺継ぎ輪を所定の位置に設置した管路で再度解析を行う。解析結果として図3.7.13に軸力、図3.7.14に継手屈曲角度、および図3.7.15に管体応力を示す。最大軸力は4,360kN、最大継手屈曲角度は3.9°であり設計照査基

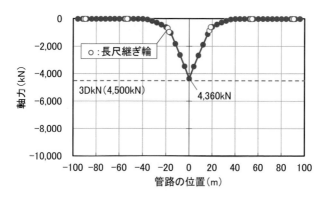

図3.7.13　軸力の解析結果（長尺継ぎ輪設置後）

準を満たし、管体応力も引張り側で最大85N/mm^{2}であり設計照査基準である0.2%耐力（270N/mm^2）以下を満たしている。

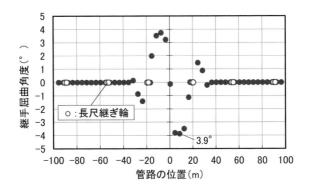

図3.7.14　継手屈曲角度の解析結果（長尺継ぎ輪設置後）

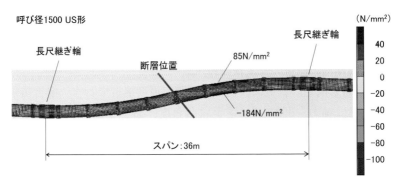

図3.7.15　管体応力の解析結果（長尺継ぎ輪設置後）

（4）断層対策範囲の決定

　断層の出現位置は正確には予想できないので、まず、長尺継ぎ輪の間で様々な位置に断層が出現した場合の安全性を解析により検証した。図3.7.16に示す1〜7の位置に断層が出現した場合の軸力、継手屈曲角度、および管体応力の解析結果を同図に示す。いずれも大きな差はなく設計照査基準以下であり、長尺継ぎ輪間のどの位置に断層が出現しても安全であることが確認できた。

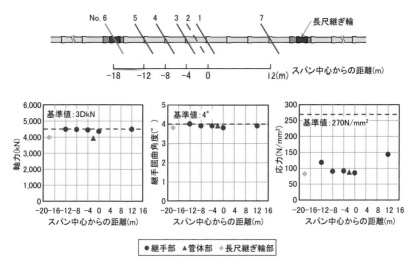

図3.7.16　断層の出現位置の影響

　断層出現想定範囲が200mの場合には図3.7.6に従い、長尺継ぎ輪を図3.7.17の通り設置すればよい。

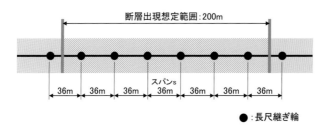

図3.7.17　断層出現想定範囲を考慮した管路設計

　この設計事例で示されたように、3mの管軸直交断層変位に対しても、耐震継手ダクタイル鉄管（HRDIP）では弾性設計でき、管体にも変形が残らずそのまま継続して使用できることがわかる。

3.7.3　簡易計算法
1）基本的な考え方
　簡易計算法では図3.7.18に示すように断層変位を管軸直交方向変位と管軸方向変位の２成分に分け、管軸直交方向変位から継手屈曲角度と曲げ応力を計算し、管軸方向変位から軸力と軸方向応力を計算する。管体応力は軸方向応力と曲げ応力の合応力として計算できる。

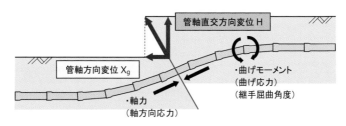

図3.7.18　簡易計算法の基本的な考え方

2）計算手順
①継手が屈曲する範囲 L_0 の計算
　式（3.83）から屈曲する最小の継手数 N を求め、式（3.84）から継手が屈曲する範囲 L_0 を算出する。

$$\frac{H}{2} \leq l \sum_{k=1}^{N} \sin\left(k\,\theta_a\right) \tag{3.83}$$

$$L_0 = l \times N \tag{3.84}$$

ここに、
　H　：管軸直交方向変位（m）
　l　：管長（m）
　θ_a：継手回転ばねの変曲点（°）（図3.7.4参照）

②管路に発生する曲げモーメントの算出
　管路と地盤の相対変位を図3.7.19に示すように線形分布として仮定する。この時、管路が地盤から受ける力 $p\,(y)$ は図3.7.20に示すように台形状の分布荷重になるので、分布荷重 $p\,(y)$ と分布荷重によって生じる曲げモーメント $M\,(x)$ は以下の式（3.85）、（3.86）から計算できる。

$$p(y) = k_{2y}y + (k_{1y} - k_{2y})\ \delta_{gy} \tag{3.85}$$

$$M(x) = \frac{x\ (L_0 - x)}{6}\left\{3p(0) + \left(\frac{2L_0 - x}{L_0}\right) p\left(\frac{H}{2}\right)\right\} \tag{3.86}$$

ここに、

y	：管と地盤の相対変位（m）
k_{1y}、k_{2y}	：管軸直交方向地盤ばね係数（kN/m）（図3.7.3参照）
δ_{gy}	：管軸直交方向地盤ばねの変曲点（m）（図3.7.3参照）
x	：断層からの距離（m）
L_0	：継手が屈曲する範囲（m）
H	：管軸直交方向変位（m）

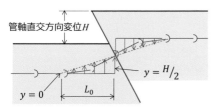

図3.7.19　管路と地盤の相対変位

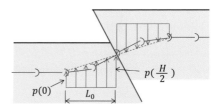

図3.7.20　管が地盤から受ける力

③継手屈曲角度の計算

　断層から x の位置にある継手の継手屈曲角度 $\theta(x)$ は、式（3.86）で求めた $M(x)$ および継手回転ばねを用いて式（3.87）から計算できる。

$$\theta(x) = \frac{M(x) - M_a}{k_{rb}} + \theta_a \tag{3.87}$$

$$k_{rb} = \frac{M_{jmax} - M_a}{\theta_m - \theta_a}$$

ここに、

θ_m	：最大屈曲角度（°）
k_{rb}	：継手回転ばね係数（kN·m/°）
θ_a	：継手ばねの変曲点の角度（°）（図3.7.4参照）
M_a	：θ_a まで屈曲させたときの曲げモーメント（kN·m）（図3.7.4参照）
M_{jmax}	：θ_m まで屈曲させたときの曲げモーメント（kN·m）

④軸力の計算

　図3.7.21に示すように、管路が管軸方向変位 X_g を受けると、各継手が設計照査用最大伸縮量 δ_m ずつ相対変位を吸収する。継手が伸縮する範囲では、管路には地盤から階段状の軸力が作用するが、直線で近似すると、断層の位置で生じる軸力の最大値 f_{max} を式（3.88）から計算できる。

$$f_{max} = \frac{k_2\ (l-\delta_m)}{2\,\delta}\,X_g^{\,2} + \frac{\delta_g\,(k_1-k_2)\,(l-\delta_m)}{\delta}\,X_g \tag{3.88}$$

ここに、

k_1、k_2	：管軸方向地盤ばね係数（kN/m）（図3.7.3参照）
δ_g	：管軸方向地盤ばねの変曲点（m）（図3.7.3参照）
X_g	：断層面での管と地盤の相対変位（m）（$X_g = Z/2 + G$）
Z	：管軸方向断層変位量（m）
G	：屈曲による管路の縮み量（m）
δ_m	：設計照査用最大伸縮量（m）
l	：管長（m）

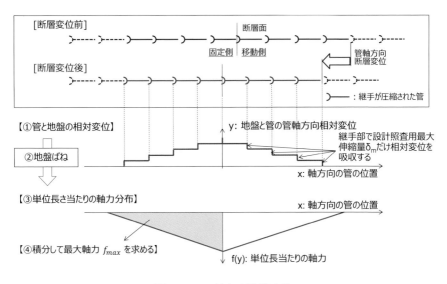

図3.7.21　軸力の計算方法

⑤管体応力の計算

　軸力 f_{max} と曲げモーメント M_{max} を用いて式（3.89）と式（3.90）から管軸方向応力 σ_{amax} と曲げ応力 σ_{bmax} を計算する。

管軸方向応力　$\sigma_{amax} = \sigma_a(0) = \dfrac{f_{max}}{A}$ 　　　　　　　　　（3.89）

曲げ応力　　　$\sigma_{bmax} = \sigma_b(B) = \dfrac{M_{max}}{Z}$ 　　　　　　　　（3.90）

　このとき、管体応力 σ_{max} は、式（3.91）と式（3.92）によって求められる σ_A、σ_B のいずれか大きい方の値とする。

$$\sigma_A = \sigma_{amax} + \sigma_b(0) \qquad\qquad\qquad\qquad\qquad (3.91)$$

$$\sigma_B = \sigma_{bmax} + \sigma_a(B) \qquad\qquad\qquad\qquad\qquad (3.92)$$

ここに、
　$\sigma_b(0)$　　：断層位置の曲げ応力（kN/m²）
　$\sigma_a(B)$　　：曲げ応力最大位置の管軸方向応力（kN/m²）
　A　　　　：管の断面積（m²）
　Z　　　　：管の断面係数（m³）

3）ＦＥＭ解析との比較

　図3.7.22に**3．7．2**で示したＦＥＭ解析の事例と同じ計算条件で、ＦＥＭ解析法と簡易計算法で得られた軸力の比較を示す。両者は概ね一致しているが、管軸方向地盤変位が大きくなると、簡易計算方法のほうがＦＥＭ解析よりも大きな軸力が計算されており、安全側の管路設計がなされることがわかる。

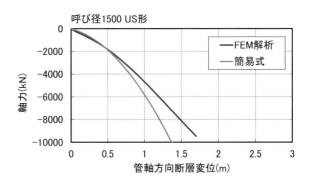

図3.7.22　簡易計算方法とFEM解析で得られた軸力の比較

4）まとめ

　本章で述べた方法で設計された耐震継手ダクタイル鉄管（HRDIP）の断層横断部管路の特徴をまとめると次の通りとなる。

①弾性設計であり、3m程度の断層変位ならば管体にも変形が残らずそのまま継続して使用できる。

②地盤条件にもよるが、約1.5m以下の断層変位に対して通常の管路で安全であり特別な対策を必要としない。

③断層の位置が特定できなくても断層出現想定範囲内であれば安全となるように設計することができる。

3.7.4　シールド内配管の解析方法[28)]

　大口径管路は埋設箇所の制約から開削施工が困難なため、非開削でシールドトンネル内に布設される場合が多い。シールドトンネル内管路の断層横断部の検討には、シールドトンネルの挙動が管路の挙動に影響を及ぼすため、図3.7.23に示すような、シールドセグメントと管路、裏込め材（エアモルタルなど）の相互作用を考慮した二重管モデルによる非線形解析が適切である[28)]。

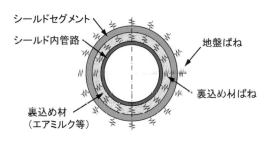

図3.7.23　シールド内配管の解析モデル

3.7.5　米国での管路設計事例

　米国ロサンゼルス市電気水道局（LADWP）において、断層横断部の管路設計に本章で述べた設計法を適用した実例を説明する[29]、[30]。

　計画された管路はサン・フェルナンド断層帯を横断する呼び径1350（54inch）の送水管で、Ｓ形耐震継手ダクタイル鉄管が採用された。

　管路と断層の位置を図3.7.24に示す。管路はA、E、J、L、Mおよび O地点で断層を横断し、J、NおよびO地点では1971年サン・フェルナンド地震において断層変位が発生した。例としてJ地点における断層諸元を表3.7.5に示す。横ずれ成分を含む逆断層で断層出現想定範囲は50mである。J地点では1971年サン・フェルナンド地震において２mの断層変位が観測されていたが、ロサンゼルス市電気水道局（LADWP）ではその観測結果に加えてシ

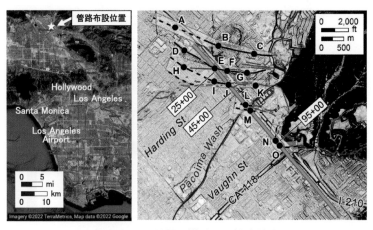

図3.7.24　断層を横断する管路計画

表3.7.5　J地点での断層諸元

項　目	内　容
断層の位置	J地点（北緯34.3007°、西経118.4228°）
断層の種類	横ずれ成分を含む逆断層
断層出現想定範囲	30m
断層変位量	3.0m
断層ベクトルと管路の交差角 θ	63°
断層ベクトルの方位角 γ	S78°W［258°（北を基準に反時計まわり）］
管路の方位角 α	N45°W［315°（北を基準に反時計まわり）］
断層ベクトルの仰角 ϕ	33.7°

ナリオ地震の解析結果も考慮して3mの断層変位を設計条件として設定した。

　図3.7.25にJ地点での管路設計を示す。シェル要素によるFEM解析を行い、軸力の検討結果から断層出現想定範囲を囲む形で、42m間隔で長尺継ぎ輪を配置している。断層変位が3mでも軸力は3DkN（D・管の呼び径）以下であり、継手屈曲角度は最大屈曲角度以下である。管体応力も図3.7.26に示すように最大197N/mm^{2}とダクタイル鉄管の0.2％耐力270N/mm^{2}以下であり弾性範囲で設計されている。

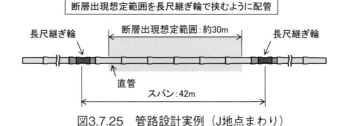

図3.7.25　管路設計実例（J地点まわり）

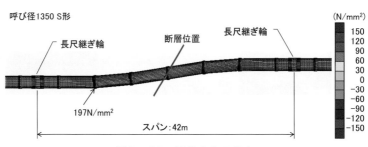

図3.7.26　管体応力の分布

断層横断部とは異なるが、米国サンタクララバレー水道企業団（SCVWD）において、地滑り対策としてS形耐震継手ダクタイル鉄管を使用した事例も参考として紹介する[31]。

　管路は浄水場へ繋がる呼び径1800（72inch）、1650（66inch）の導水管と1500（60inch）の送水管であり、工事状況を写真3.7.1に示す。

　図3.7.27に管路布設位置の断面図を示す。管路が布設された傾斜地では、地震時に2.35m、常時の変位が0.01m/年、50年間で合計2.87mの地滑り量が想定されている。管路が滑り面より上側になる領域では地滑りにより地盤に引張り変位が発生し、それより下流の領域では地盤に圧縮変位が発生するので、管路の伸縮でこれらの変位を吸収する。

写真3.7.1　管路布設工事の状況

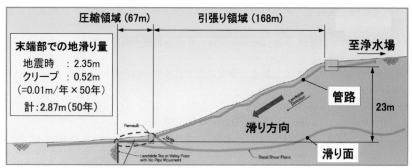

図3.7.27　管路布設位置の断面図

　特に圧縮変位の領域では短い範囲で2.87mもの変位を吸収する必要があり、管路に曲げも作用するので、図3.7.28に示すように管長を定尺管の半分として、それに継ぎ輪を組み合わせることにより、管路の伸縮、屈曲性能を高めた管路設計がなされている。

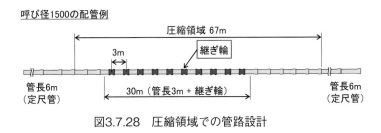

図3.7.28　圧縮領域での管路設計

第3章参考文献

1 ）Kuesel, T. R.：Earthquake Design Criteria for Subways, Vol.95, ASCE, No.ST6, 1969.
2 ）国土開発技術研究センター：地下埋設管路耐震継手の技術基準（案）、1977.
3 ）日本水道協会：水道施設耐震工法指針・解説1979年版、1979.
4 ）日本水道協会：水道施設耐震工法指針・解説1997年版、1997.
5 ）日本水道協会：水道施設耐震工法指針・解説2009年版、2009.
6 ）日本水道協会：水道施設耐震工法指針・解説2022年版、2022.
7 ）土木学会 土木構造物の耐震設計法に関する特別委員会：土木構造物の耐震基準等に関する提言「第三次提言」解説、4章 耐震設計に用いるレベル2地震動、2000.
8 ）濱田政則：地盤耐震工学、pp.57-59、pp.70-74、2013.
9 ）西尾宣明：埋設管の地震時被害率予測法に関する一提案、土木学会論文報告集、No.316号、pp.1-9、1981.
10）日本下水道協会:下水道施設耐震計算例－管路施設編－2015年版－、pp.4-5-1 - 4-5-26、2015.
11）農林水産省農村振興局:土地改良事業計画設計基準・設計「パイプライン」、pp.353-379、2021.
12）日本ガス協会：高圧ガス導管耐震設計指針、JGA指－206－20、p.20、2020.
13）日本水道協会：水道施設設計指針2000年版、2000.
14）ISO16134:2020, Earthquake-resistant and subsidence-resistant design of ductile iron pipelines, pp.4-6, 2020.
15）浜田政則・磯山龍二・佐藤修：液状化による鉛直方向の地盤の永久変位、第19回地震工学研究発表会、pp.181-184、1987.

16）日本道路協会：道路橋示方書・同解説 Ｖ耐震設計編、pp.141-143、2012.

17）中村秀治：数値誤差の改善を考慮した伝達マトリックス法の提案、土木学会論文報告集、第289号、pp.43-53、1979.

18）日本機械学会：機械工学事典「電子版」、2018、(https://www.jsme.or.jp/jsme-medwiki/start)

19）磯部大吾郎：はり要素で解く構造動力学 建物の崩壊解析からロボット機構の制御まで、丸善出版、2020.

20）鷲津久一郎ら：有限要素法ハンドブックI 基礎編、培風館、1981.

21）吉本成香ら：有限要素法解析ソフトAnsys工学解析入門 第3版、オーム社、2020.

22）内山知実：Javaによる連続体力学の有限要素法、森北出版、2001.

23）日本機械学会：計算力学ハンドブックI 有限要素法 構造編、日本機械学会、1998.

24）鷲津久一郎ら：有限要素法ハンドブックII 応用編、培風館、1983.

25）久田俊明・野口裕久：非線形有限要素法の基礎と応用、丸善出版、1995.

26）小田圭太・岸正蔵・宮島昌克：耐震型ダクタイル鉄管を用いた断層横断部の管路設計方法の研究、土木学会論文集A1（構造・地震工学）、75巻、4号、pp.I_454 - I_463、2019.

27）Oda, K., Ishihara, T., Miyajima, M. : Pipeline Design Method Against Large Displacement of Strike-Slip Fault, Proceedings of the ASME 2016 Pressure Vessels & Piping Conference PVP2016, PVP2016-63699, ASME, 2016.

28）Oda, K., Kaneko, S., Kishi, S. : Design Method of Pipeline in Shield Tunnel against Fault Displacement, San Fernando Earthquake Conference-50 YEARS OF LIFELINE ENGINEERING, LL-WWP4, ASCE, 2022.

29）Guzman, J., Valdovinos, C., Elias, W., Tat, G. : LADWP's First 54-inch Earthquake Resistant Ductile Iron Pipe Project, San Fernando Earthquake Conference-50 YEARS OF LIFELINE ENGINEERING, LL-WWP3, ASCE, 2022.

30）Jianping, H., Craig, A. D., Wilson, S., Hara, T., Oda, K., Scott, C. L. : Seismic Design of 1350 mm Diameter Water Pipeline Crossing Fault Using Earthquake Resistant Ductile Iron Pipe, Proceedings from 3rd International Conference on Performance Based Design in Earthquake Geotechnical Engineering (Vancouver 2017), ISSMGE, 2017.

31）Baune, D. : A Unique Solution to a Unique Problem: Large-Diameter Pipeline Seismic Retrofit Mitigates Landslide Hazards, Proceedings of the Pipelines 2016 Conference, ASCE, pp.1887-1898, 2016.

4 管路更新計画

4.1 水道管路の耐震化計画

1）日本における水道事業体の震災対策

　日本の多くの水道事業体においては、震災対策計画が策定され、それにもとづき水道システムの震災対策が鋭意推進されている。その計画の内容は各事業体の状況に応じて多少の差はあるが、概ね図4.1.1に示す内容に集約できる。

　水道の震災対策は、被害の抑制を図る「水道システムの震災対策」と発災後の「応急対策」から構成される。「水道システムの震災対策」は、被害を抑制するため、浄水場などの施設や管路の耐震化、および被害の影響を最小化するための緊急時用連絡管の整備や管路の二重化・ループ化などバックアップ機能の強化がある。「応急対策」は、応急給水により飲料水を確保するための緊急給水拠点やその資器材の整備があり、「地域住民との訓練を通じ、住民自らが災害時の給水を担う」といった取り組み事例も見られる。また、近年はこれらの対策に加えて地震時の事業継続計画（BCP）

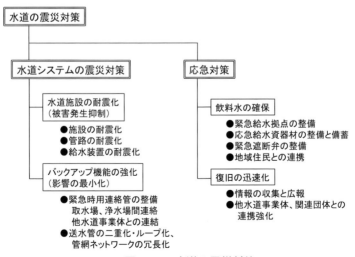

図4.1.1　水道の震災対策

を策定する事業体も増加してきている。

2）地震時の管路被害予測
（1）地震時の管路被害予測式の研究

　これらの震災対策計画を策定していく上では、あらかじめ想定地震動に対する管路被害の大きさや被害発生の多い場所を予測できる地震時の管路被害予測式を役立てることができる。また、この式は震災対策の効果を確認するのにも使用できる。日本では1978年東京都防災会議において、久保・片山[1] によって区部の水道管路の被害予測が実施されたのが始まりとなり、全国各地の水道事業体で被害予測が実施されるようになった。

　1982年に磯山・片山[2] は、標準被害率 R_f に地盤条件、管種、および埋設深さによる補正係数をかけ合わせて当該管路の被害率を求める被害予測式（4.1）を提案している。ここで標準被害率 R_f は前述した久保・片山によって求められた管路被害率と最大地盤加速度の関係式によって与えられ、一般的な沖積地盤に 2 m 前後の深さに埋設された鋳鉄管（CIP）の被害率が用いられている。

$$R_{fm}=C_g\,C_p\,C_d\,R_f \tag{4.1}$$

ここに、

　R_{fm}　：管路被害率（箇所/km）
　C_g　：地盤条件による補正係数
　C_p　：管種による補正係数
　C_d　：埋設深さによる補正係数
　R_f　：標準被害率（箇所/km）

　その後、日本水道協会や水道管路技術センター（現：水道技術研究センター）において、被害予測式の研究がなされてきたが、この式（4.1）の被害予測式を踏襲して、標準被害率や補正係数の項目・数値が、その時点での最新のデータを使用した分析や工学的知見にもとづいて見直されてきた。補正係数はいずれの研究においても、管路被害率、管種、口径、地盤区分、液状化の有無などをメッシュ毎に集計し、数量化理論第1類による多変量解析で分析し、それに工学的知見も加えて設定されている。

① 1998年に日本水道協会では、1995年兵庫県南部地震の被害分析結果を
ベースに、標準被害率および管種、口径、地盤条件の補正係数を見直し、
さらに液状化の程度による補正係数を加えた。標準被害率は最大地盤速度、
最大地盤加速度の両方に対してそれぞれ設定されており、地盤の区分とし
ては改変山地、改変丘陵地、谷・旧水部、沖積平野、良質地盤が設定され
ている[3]。

② 1999年に水道管路技術センター（現：水道技術研究センター）では、
1995年兵庫県南部地震の被害分析対象地域を拡大して標準被害率や補正係
数を見直した[4]。

③ 2011年に水道技術研究センターでは、1995年兵庫県南部地震に2004年
新潟県中越地震および2007年新潟県中越沖地震のデータを加えて分析し、
標準被害率や補正係数の区分と数値を見直した[5]。従来は管種の区分にお
いて一般継手ダクタイル鉄管（DIP）は一つの区分としていたが、一般継
手ダクタイル鉄管（DIP）のA形、K形、T形という継手形式によって被
害率が異なるという熊木・宮島の研究[6]を踏まえて、継手形式毎の補正係
数を設定した。地盤種別は防災科学技術研究所の地震ハザードステーショ
ン（J-SHIS）で24種類に分類されている微地形分類を使用し、それらを表
1.3.2に示す5種類に区分し補正係数を設定した。また、標準被害率は最大
地盤速度に対してのみ設定された。

④ 2013年に水道技術研究センターでは、2011年東北地方太平洋沖地震に
おけるデータを追加し分析を行った[7]。標準被害率や補正係数の区分と数
値は2011年と同じであるが、液状化した地盤では被害率と最大地盤速度の
相関が小さいことから、液状化の可能性がある場合には、別途、標準液状
化被害率を設定した。詳しくは（2）管路被害予測式で述べる。

　これらの研究の他に、丸山ら[8]は2011年東北地方太平洋沖地震の仙台市
のデータを用いて人工改変地の補正係数を検討した。丘陵地の造成地を抽
出する方法として土地利用細分メッシュと微地形区分を用いる方法を提案
し、人工改変地の補正係数を設定している。

　一方、岡野・平山ら[9]は、管路属性、地盤属性の組み合わせごとに管体
に対する地震被害関数を求め、モンテカルロ法により離散的な被害件数を

推定する方法を提案している。従来の方法が被害率や被害件数を予測しているのに対して、この方法では個々の管体に対する被害の有無を推定できる。

（2）管路被害予測式

　ここでは2013年に水道技術研究センターから提案された被害予測式を示す。

　上述の通り液状化発生の可能性の有無により被害予測式が異なる。補正係数は共通であり、その値が設定されているものは表4.1.1に示す通りである

①液状化の情報を有していない場合、もしくは液状化の可能性がない場合

$$R_m = C_p\, C_d\, C_g\, R\ (v) \tag{4.2}$$

　ここに、

　　R_m　：管路被害率（件/km）
　　C_p　：管種・継手補正係数
　　C_d　：口径補正係数
　　C_g　：微地形補正係数
　　$R(v)$：標準被害率（件/km）（$=9.92 \times 10^{-3} \times (v-15)^{1.14}$）
　　v　　：最大地盤速度（cm/s）（ただし、$15 \leq v < 120$）

②液状化の情報を有しており、かつ液状化の可能性がある場合

$$R_m = C_p\, C_d\, R_L \tag{4.3}$$

　ここに、

　　R_m　：管路被害率（件/km）
　　C_p　：管種・継手補正係数
　　C_d　：口径補正係数
　　R_L　：標準液状化被害率（件/km）（$=5.5$）

表4.1.1 補正係数[7]

管種・継手	C_p	口径	C_d	管が布設されている微地形	C_g
DIP（A）	1.0	φ50−φ80	2.0	山地　山麓地　丘陵　火山地	0.4
DIP（K）	0.5	φ100−φ150	1.0	火山山麓地　火山性丘陵	
DIP（T）	0.8[注1]	φ200−φ250	0.4	砂礫質台地　ローム台地	0.8
HRDIP	0	φ300−φ450	0.2	谷底低地　扇状地　後背湿地	1.0
CIP	2.5	φ500−φ900	0.1	三角州・海岸低地	
PVC（TS）	2.5			自然堤防　旧河道	2.5
PVC（RR）	0.8			砂州・砂礫洲　砂丘	
SP（溶接）	0.5/0[注2]			埋立地　干拓地　湖沼	5.0
SP（溶接以外）	2.5				
ACP	7.5				

注1　平成11年度以前に出荷されたものに限る。平成11年度以降に出荷されたものはダクタイル鋳鉄管K形継手と同等と評価されているので補正係数を0.5とする。

注2　裏波溶接が採用される以前の片面溶接管（φ700以下で1975年以前に布設のもの）に限り補正係数を0.5とし、それ以外のものは0とする。

　管路被害予測に当たり、微地形区分は防災科学技術研究所がWeb上で運営する地震ハザードステーション（J-SHIS）より入手できる。一方、自治体の想定地震動は防災計画において気象庁震度階で示される場合が多いので、その場合には巻末資料11に従い震度階を最大地盤速度に換算できる。

3）管路被害の影響

　地震時の管路被害の影響は、主に断水状態にある人口（断水人口）と断水が解消されるまでの期間（復旧日数）によって評価できる。本書では配水本管・配水小管を例として断水人口と復旧日数の算出方法を述べる。

（1）断水人口

　断水人口を被災直後に各家庭から水を得られない人口と定義する。管路被害率の予測結果にもとづきモンテカルロ法により断水人口を推定する手順を図4.1.2に示す[10]。主な手順は次の通りである。この方法によって全体の断水人口および断水人口の分布も把握できる。

①管路の被害率がポアソン分布するものと仮定すると、管路の被害発生確率は式（4.4）によって求められる。

$$P = 1 - e^{(-R_m L)} \qquad (4.4)$$

ここに、

P　：管路の被害発生確率
R_m　：管路被害率（件/km）
L　：管路延長（km）

②①で計算された管路の被害発生確率になるように、乱数を使って複数（例えば100パターン）の管路被害パターンを作成する。

③それぞれの管路被害パターンごとに管網解析を行い、給水点における管内水圧分布を計算する。

④各給水点における管内水圧が基準の最低値以下になれば、その給水点を断水と判定する。断水判定の基準値は最低0.15MPaとする。

⑤パターンごとに各給水点の断水判定結果にもとづき断水人口を求め、全パターンの平均値を集計し各給水点の断水人口とし、その和が全体の断水人口となる。

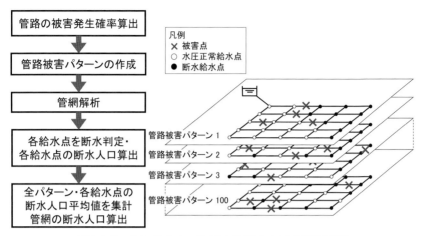

図4.1.2　モンテカルロ法による断水人口の算出手順

（2）復旧日数

　松下・橋上らは[11]、1995年兵庫県南部地震における神戸市内の復旧状況を分析し、復旧過程を図4.1.3に示すように①幹線復旧期、②管網復旧期、③最終復旧期の３期間に分類し、それぞれの期間ごとに、復旧工数（班・日）と管路被害件数の関係を式（4.5）〜（4.8）の通り提案した。被害予測によって得られた管路の被害件数から復旧工数が求められ、復旧工数を投入班数で割れば復旧日数が計算できる。

$$幹線復旧期　t_1=1.85N_1 \tag{4.5}$$
$$管網復旧期　t_2=1.28N_2 \tag{4.6}$$
$$最終復旧期　t_3=0.70N_2 \tag{4.7}$$
$$t=t_1+t_2+t_3 \tag{4.8}$$

ここに、

t_1　　：幹線復旧期の復旧工数（班・日）

t_2　　：管網復旧期の復旧工数（班・日）

t_3　　：最終復旧期の復旧工数（班・日）

t　　：復旧に必要な全復旧工数（班・日）

N_1　　：幹線の被害件数（件）

N_2　　：管網の被害件数（件）

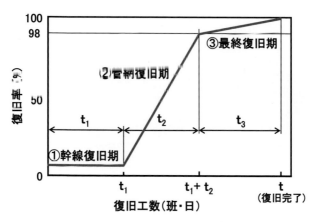

図4.1.3　管路の復旧曲線[11]

4）被害予測事例

2013年に水道技術研究センターから提案された被害予測式（4.2）（4.3）を用いて、管路被害予測を行った事例を示す。

図4.1.4に管路図、図4.1.5に最大地盤速度、図4.1.6に微地形分類、図4.1.7に管路被害率の予測結果を示す。

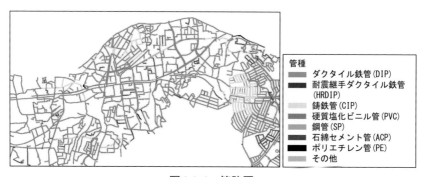

図4.1.4　管路図

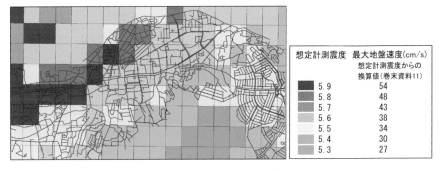

図4.1.5　最大地盤速度

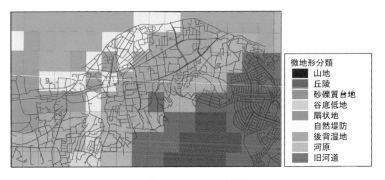

図4.1.6　微地形分類

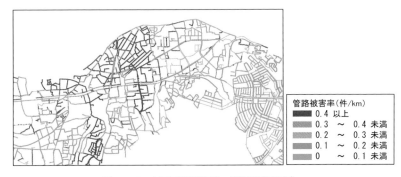

図4.1.7　被害予測結果（管路被害率）

5）リアルタイム地震管路被害推定

　管路の耐震化計画の側面から地震時管路被害予測を述べてきたが、被害予測に用いるシステムは、地震直後にリアルタイムに管路被害の状況を迅速に推定し、初期の応急給水や復旧に役立てることができる。

　計画時の地震時管路被害予測とこのリアルタイム地震管路被害推定の違いは、地震動の大きさを想定地震動とするか、それとも実際に発生した地震の地震動とするかであり、その他の手順は同じである。すなわち、図4.1.8に示すように地震直後に地震動データを入手できれば、すでに管路被害予測のために整備された管路データベースや地盤データベースなどを用いて、地震直後に迅速に管路被害件数・被害分布、断水人口、および復旧工数などが推定できる。これにより地震直後に管路被害の規模や被害の多い地域が推定でき、応急給水や復旧工事において外部への応援要請も含めて迅速な対応が可能となる。もちろん初期には概数を示すにとどまるが、時間の経過とともに、漏水、断水、液状化の発生などの情報が収集され、これらの実被害状況と初期の推定結果と融合させながら被害推定結果が更新されるシステムにしておけば推定精度を高めることができる。

　リアルタイム地震被害推定システムは、防災科学技術研究所において研究が推進されてきた[12]。同研究所が所有するK-NETやKiK-netからリアルタイムで得られる地震動データを用いて、建物被害や死者・重傷者などの人的被害を推定するシステムであり、2016年熊本地震などで検証が進められてきた。これらの情報は地震直後に関係機関に「SIP4D」（府省庁連携防災情報共有システム）を経由して提供される仕組みも整備されてきている。永田・矢野・庄司[13]は、ここで開発されてきたリアルタイム地震被害推定システムを活用して上水道施設を対象とするシステムを構築し、2018年福島県沖地震において適用することによってその有用性の一端を示している。水道においてもこのシステムを活用してリアルタイム地震管路被害推定が実用化されることが望まれる。

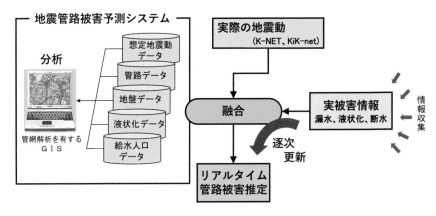

図4.1.8　リアルタイム地震時管路被害推定システム

4.2　総合評価に基づいた管路更新計画

1) 総合的な評価に基づいた管路更新

　4.1では管路の震災対策計画を述べたが、管路更新計画を策定していく上では、震災対策ばかりでなく老朽化など総合的な観点から管路を評価する必要がある。日本の多くの水道事業体においては、管の材質や継手の種類、布設後年数などに加えて、埋設土壌の腐食性やポリエチレンスリーブの有無、埋設地盤や液状化発生の可能性、ならびに重要度、事故履歴、周りの管路の更新状況など様々な観点から総合的に判断して管路更新の優先順位を決定し更新事業が推進されている。また、最近ではアセットマネジメントにより更新事業の平準化も図られている。更新事業に当たっては一層効果的な推進が求められており、本書では配水本管・配水小管を対象として管路を定量的に総合評価して更新優先順位を決定する手法を紹介する。

2) 管路の評価項目

　管路を総合的に評価するには管路の危険度と重要度の2つの側面から検討する。危険度としては、老朽度、耐震性、水圧・水質への影響が考えられる。重要度としては流量や断水人口、重要施設への水供給の影響などが考えられる。以下に各評価項目とそれぞれの評価指標を説明する。

（1）老朽度

　ポリエチレンスリーブを装着していないダクタイル鉄管および鋳鉄管の老朽度は、事故率により評価する。ここでの事故は、腐食孔の貫通や、腐食に起因する本管の折損や割れと定義する。川勝、滝沢らは[14)～15)]、全国6,000箇所の腐食調査データの再分析を行い、土質の種類と比抵抗ごとに腐食深さを規定管厚に対する管厚超過確率として表す式（4.9）を求めた。土質は粘土系、シルト系、砂系の3種類、および土質に関係なく比抵抗が1500Ω・cm未満のものを対象とした。式（4.9）では埋設から腐食が始まるまでの遅れ時間を考慮することにより予測精度を向上させている。

　さらに、複数の事業体における実際の事故データをもとに式（4.9）との関係を分析して求められた管路の事故率を式（4.10）に示す。

$$P\,(x) = \frac{\exp\,(a+bx)}{1 + \exp\,(a+bx)} \times 100 \tag{4.9}$$

ここに、

$P\,(x)$ 　　　：腐食深さの管厚超過確率（%）

x 　　　　　：管厚（mm）

a、b 　　　：土質・比抵抗、埋設年数による係数

$$P_{accident} = c \times P\,(x) \tag{4.10}$$

ここに、

$P_{accident}$ 　：事故率（件/年/km）

c 　　　　　：事故率の換算係数（件/年/km/%）
　　　　　　　ダクタイル鉄管、鋳鉄管各々に設定されている

　なお、硬質塩化ビニル管（PVC）の事故率は、日本水道協会「水道維持管理指針」[16)] に記載されているので参照されたい。

（2）耐震性

　管路の耐震性は、4.1 2)で詳述した地震時の管路被害予測法によって得られた管路の被害率を指標として、地震時の管路被害の程度を評価する。また、地震時の管路被害の影響は、断水人口や復旧日数を用いて評価する。

（3）水圧・水質

　管路の動水勾配が大きいとその下流域で圧力低下による出水不良が生じるので、管網解析から求めた管路ごとの水圧低下を評価する。また、流速で水の滞留による水質への影響を評価する。なお、赤水や濁水の原因としては管内面材質などを評価する場合もある。

（4）重要度

　事故・地震時において、その管路での流量や、管路に断水が生じた時の断水人口、配水池から防災拠点や病院などの重要施設への水供給の影響、埋設場所の道路条件などから管路の重要度を評価する。

①流量
　管網解析により管路ごとの流量を算出し、流量の多い管路を重要管路として評価する。
②断水人口評価
　図4.2.1に示すように管網解析によりその管路が事故で通水できない場合の水圧低下地域から断水人口を計算し、その管路に事故が起きた場合の影響を評価する。
③重要拠点寄与度
　図4.2.2に示すように配水池から各防災拠点や病院など重要拠点に至る流量の多いルートを管網解析から求め、各管路について重要拠点へのルートに抽出された回数を集計する。その回数が多いものから重要拠点寄与度の高い管路として評価する。
④道路条件
　管路が埋設された道路について、国道や県道、市道などの道路の種別や緊急輸送路としての指定などの管路事故の二次的な影響、および復旧

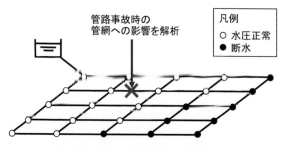

図4.2.1　断水人口評価の概念図

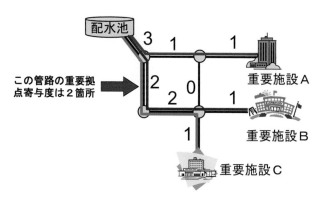

図4.2.2　重要拠点寄与度の概念図

工事の困難さに基づいて、道路条件を評価する。

3）管路の総合評価

　総合評価は、評価項目の指標ごとに危険度と重要度を掛け合わせて管路のリスクを点数化して行う[16]。危険度の項目には、前述の老朽度、耐震性、および水圧・水質が含まれ、重要度は前述の通りである。以下に評価手順を示し、指標ごとの得点基準の例と総合得点の計算例を表4.2.1に示す。

①指標ごとに3〜5区分にランク分けして得点基準を設ける。
②管路ごとに各指標値の得点基準に応じて危険度指標の得点（A）と重要度指標の得点（B）を与える。
③得点（A）と（B）を掛け合わせてリスク得点（C）を算出する。

④各リスク得点（C）に重み係数（α）を乗じ、その和として項目得点（D）を算出する。

⑤各項目の得点（D）に評価項目に対する重み係数（β）を乗じ、その和として総合得点（F）を算出する。

表4.2.1　評価指標の得点基準の例と総合得点の計算例

項目	危険度			重要度			リスク得点	重み係数	項目得点	重み係数	重み付き項目得点	総合得点
	指標	得点基準	得点A	指標	得点基準	得点B	C=A×B	α	D=Σ(C×α)	β	E=D×β	F=ΣE
老朽度	事故率（件/km/年）	0.4以上	5	断水人口（人）	500以上	5	20 (25)	2	20×2 +15×1 =55 (75)	2	110 (150)	
		0.2～0.4未満	4		250～500未満	4						
					100～250未満	3						
					50～100未満	2						
		0.1～0.2未満	3		50未満	1						
		0.05～0.1未満	2	道路条件	国道	5	15 (25)	1				
					—	—						
					県道	3						
		0.05未満	1		—	—						
					市道・その他	1						
耐震性	被害率（件/km）	0.4以上	5	断水人口（人）	500以上	5	16 (25)	2	16×2 +20×1 +12×1 =64 (100)	2	128 (200)	265 (400)
					250～500未満	4						
					100～250未満	3						
		0.3～0.4未満	4		50～100未満	2						
					50未満	1						
		0.2～0.3未満	3	重要拠点寄与度（箇所）	4以上	5	20 (25)	1				
					3	4						
					2	3						
					1	2						
					0	1						
		0.1～0.2未満	2	道路条件	国道・啓開道路	5	12 (25)	1				
					—	—						
		0.1未満	1		県道	3						
					—	—						
					市道・その他	1						
水圧	圧力低下率（動水勾配）（‰）	1.0以上	5	流量（m³/h）	10以上	5	12 (25)	1	12×1 =12 (25)	1	12 (25)	
		0.5～1.0未満	4		5～10未満	4						
		0.2～0.5未満	3		2～5未満	3						
		0.1～0.2未満	2		1～2未満	2						
		0.1未満	1		1未満	1						
水質	流速（m/s）	0.1未満	5	—	—	5	15 (25)	1	15×1 =15 (25)	1	15 (25)	
		0.1～0.2未満	4									
		0.2～0.4未満	3									
		0.4～1.0未満	2									
		1.0～	1									

備考　危険度得点Aおよび重要度得点Bが □ で示す値となる場合の総合得点の計算例を示す。なお、得点C、D、E、およびFの最高得点を（ ）内に示す。

総合得点（F）が高いほど管路更新の必要性が高いことになる。

指標に対する得点基準や、リスク得点に対する重み係数 α 、および評価項目に対する重み係数 β は、各事業体の状況や方針に基づいて決定される。
総合評価事例として、図4.1.7に地震時の管路被害予測事例を示した水道事業体における老朽度評価、断水人口評価、重要拠点寄与度、および総合評価を図4.2.3〜図4.2.6に示す。

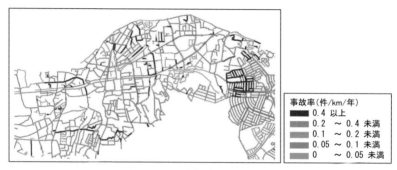

図4.2.3　老朽度評価例

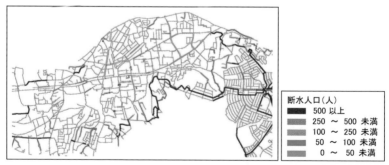

図4.2.4　断水人口評価例

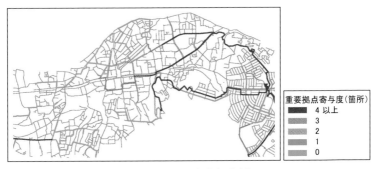

図4.2.5　重要拠点寄与度例

図4.2.6　総合評価例

4）管網の総合評価システム

　上記の手順に従って管路更新計画を策定していく上では、図4.2.7に示すような管網解析できるマッピングシステムとGIS上の各種データベースを重ね合わせたシステムが有用である。データベースは管路情報および公的データが利用できる人口や地形情報、管網解析に使用する水理情報、老朽度や地震被害想定用データ等から構成される。このシステムにより、管路の評価結果や更新優先管路、および管路更新の効果、さらには管路更新事業に伴う30年後、50年後という将来の管路状況の推移が視覚的に表現され、容易に確認できる。

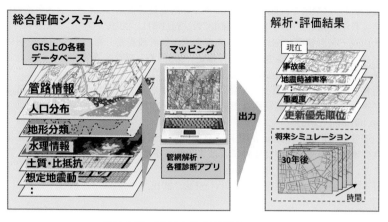

図4.2.7　管網の総合評価システム

第4章参考文献

1）久保慶三郎・片山恒雄：地下埋設管の被害、東京区部における地震被害の想定に
　関する報告書、東京都防災会議、pp.229-247、1978.
2）磯山龍二・片山恒雄：大規模水道システムの地震時信頼度評価法、土木学会論文
　報告集、第321号、pp.37-48、1982.
3）日本水道協会：地震による水道管路の被害予測、1998.
4）高田至郎・藤原正弘・宮島昌克・鈴木泰博・依田幹雄・戸島敏雄：直下型地震災
　害特性に基づく管路被害予測手法の研究、水道協会雑誌、第70巻、第3号、（第798号）、
　pp.21-37、2001.
5）水道技術研究センター：管路更新手法の開発に関する研究地震による管路被害の
　予測等報告書　地震による水道管路被害予測の手引き、2011.
6）熊木芳宏・宮島昌克：ダクタイル鋳鉄管の継手形式別被害に関する一考察、土木
　学会論文集A1（構造・地震工学）、68巻、4号、pp.I_195 - I_201、2012.
7）水道技術研究センター：地震による管路被害予測の確立に向けた研究報告書、
　2013.
8）丸山喜久・伊藤智大・若松加寿江・永田茂：東北地方太平洋沖地震における宮城
　県仙台市の水道管路被害状況の分析、土木学会論文集A1（構造・地震工学）、70巻、
　3号、pp.377-388、2014.
9）岡野泰己・平山修久・林光夫：確率論的アプローチによる水道管の離散的被害推
　定手法の構築、土木学会論文集G（環境）、74巻、6号、pp.II_111 - II_119、2018.
10）戸島敏雄・岩本利行：水道管路耐震化計画策定システムの研究、水道協会雑誌、
　第70巻、第12号、（第807号）、pp.109-116、2001.
11）松下眞・橋上重弘・小西亮：阪神・淡路大震災における復旧過程の分析とその短
　縮方策の検討、ダクタイル鉄管、第67号、pp.25-30、1999.

12）藤原広行ら：全国を概観するリアルタイム地震被害推定・状況把握システムの開発、防災科学技術研究所研究資料、第432号、pp.1-311、2019.

13）永田茂・矢野祐輔・庄司学：リアルタイム推計地震動分布の公開情報を用いたインフラ・ライフライン施設の被害推定、第9回インフラ・ライフライン減災対策シンポジウム講演集、pp.289-293、2019.

14）川勝智・船橋五郎・滝沢智：鋳鉄製管の鉄部寿命予測プロセスの検討と腐食のラグタイムを考慮した高精度な予測式の作成、全国会議（水道研究発表会）講演集、pp.468-469、2019.

15）川勝智・滝沢智：Bootstrap法による鋳鉄製水道管の腐食深さの確率分布推定と腐食性土壌が周辺土壌の腐食性に及ぼす影響の評価、土木学会論文集G（環境）、74巻、7号、pp.III_123 - III_132、2018.

16）日本水道協会：水道維持管理指針、p.140、2016.

巻末資料1　水道管路の種類と主な管材料

　上水道管路は図A1-1に示すように主に次の4種類に区分される。本書で対象とするのは導水管、送水管および配水管であり、給水管は含まない。

導水管：河川などから水を取り入れる取水施設から浄水場までの管路
送水管：浄水場から一旦水を貯めておく配水池までの管路
配水管：配水池から各家庭や事業所の前の道路までの管路
給水管：配水管から分岐して各家庭・事業所の蛇口までの管路

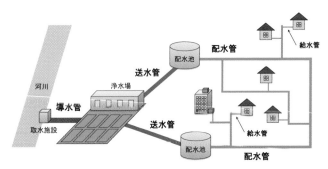

図A1-1　水道管路の種類

　日本の国土に埋設されている水道管路の延長は約73万kmであり、その管種別の内訳を図A1-2に示す。2019年度には年間約6,900kmの水道管が新しく布設されており、その管種別の内訳を図A1-3に示す。

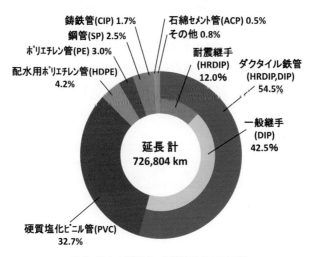

出典: 日本水道協会: 水道統計 (2019年度)

図A1-2　日本の国土に埋設されている水道管の管種別延長比 (2019年3月末)

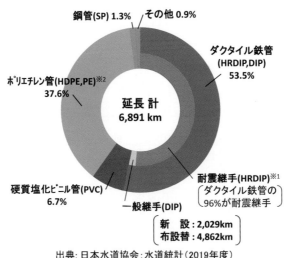

出典: 日本水道協会: 水道統計 (2019年度)
※1 日本ダクタイル鉄管協会調べ
※2 HDPEおよびPEの両方を含む

図A1-3　2019年度に布設された水道管の管種別延長比

　水道管の外径は同じ呼び径でも管種によって異なる。水道管に使用されている主要な管種として、ダクタイル鉄管（DIPおよびHRDIP）、鋼管（SP）、硬質塩化ビニル管（PVC）、配水用ポリエチレン管（HDPE）の管外径を日本水道協会で規格化（JWWA規格）されている範囲で表A2-1に示す。

表A2-1　水道管に使用されている主要な管種の管外径（JWWA規格）

呼び径	ダクタイル鉄管 （DIP、HRDIP）[1]	鋼管 （SP）[2]	硬質塩化ビニル管 （PVC）[3]	配水用ポリエチレン管（HDPE）[4]
50	−	−	60.0	63.0
75	93.0	−	89.0	90.0
100	118.0	114.3	114.0	125.0
150	169.0	165.2	165.0	180.0
200	220.0	216.3	−	−
250	271.6	267.4	−	−
300	322.8	318.5	−	−
350	374.0	355.6	−	−
400	425.6	406.4	−	−
450	476.8	457.2	−	−
500	528.0	508.0	−	−
600	630.8	609.6	−	−
700	733.0	711.2	−	−
800	836.0	812.8	−	−
900	939.0	914.4	−	−
1000	1041.0	1016.0	−	−
1100	1144.0	1117.6	−	−
1200	1246.0	1219.2	−	−
1350	1400.0	1371.6	−	−
1500	1554.0	1524.0	−	−
1600	1650.0	1625.6	−	−
1650	1701.0	1676.4	−	−
1800	1848.0	1828.8	−	−
2000	2061.0	2032.0	−	−
2100	2164.0	2133.6	−	−
2200	2280.0	2235.2	−	−
2400	2458.0	2438.4	−	−
2600	2684.0	2641.6	−	−
2800	−	1844.8	−	−
3000	−	3048.0	−	−

1）日本水道協会：水道用ダクタイル鋳鉄管 JWWA G 113
2）日本水道協会：水道用塗覆装鋼管 JWWA G 117
3）日本水道協会：水道用ゴム輪形硬質ポリ塩化ビニル管 JWWA K 129
4）日本水道協会：水道配水用ポリエチレン管 JWWA K 144

巻末資料３　耐震継手ダクタイル鉄管（HRDIP）の種類と進化

　耐震継手ダクタイル鉄管（HRDIP）は八戸市水道部（現：八戸圏域水道企業団）の要望を受ける形で1974年に大口径用のＳ形継手が製品化され、同市で全国に先駆け採用・布設された[1]。1977年に小口径用のＳⅡ形継手が開発され、呼び径75から2600まで一般継手ダクタイル鉄管（DIP）と同じ口径範囲の製品化がなされた。その後は施工性の向上を図るために、接合部品数の削減、ボルトレス化や接合手順の簡素化などが研究され、1996年にはＮＳ形継手、2010年には外面防食性能も向上させたＧＸ形継手が開発された。一方では、一般継手に比べて継手部が長く、複雑な内面形状を有する耐震継手の鋳造技術や、挿し口突部の形成技術が開発された。また、非開削工法でも使用できるように、既設管内に新管を挿入して配管できるパイプ・イン・パイプ工法用にＰⅡ形継手やＰＮ形継手が開発され、推進工法用やシールドトンネル内に配管できるＵＳ形継手が開発された。

　図A3-1にこれらの耐震継手ダクタイル鉄管（HRDIP）の継手の変遷を、図A3-2に現時点（2022年６月）の主な製品のラインアップを、および図A3-3にその継手構造を示す。これらは日本水道協会において規格化されているものを示しており、その他には施工性を向上させたＵＳ形（R方式）（呼び径1500〜2600）など一般社団法人　日本ダクタイル鉄管協会（以下、日本ダクタイル鉄管協会）で規格化されている製品もある。

　耐震継手ダクタイル鉄管（HRDIP）は、1995年兵庫県南部地震を契機に採用事業体が急速に増加し、現在では日本国内で新たに出荷されるダクタイル鉄管の96％を占めるに至っている（2019年度実績、日本ダクタイル鉄管協会による）。また、3.7.5で断層横断部の管路設計事例として紹介したように、北米など海外でも採用される事例が増加してきている。

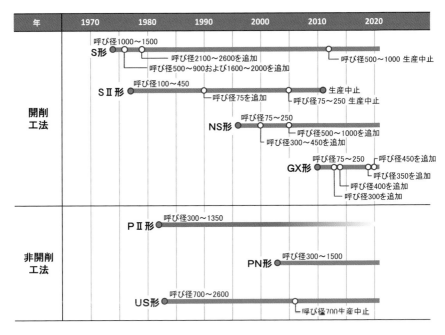

図A3-1　耐震継手ダクタイル鉄管（HRDIP）継手の変遷（JWWA規格）

開削工法

継手 ＼ 呼び径	75～450	500～1000	1100～2600
GX形	▨		
NS形		▨	
S形			▨

非開削工法

継手 ＼ 呼び径	300～700	800～1500	1600～2600
PN形	▨		
US形		▨	

図A3-2　耐震継手ダクタイル鉄管（HRDIP）の主なラインアップ（JWWA規格）

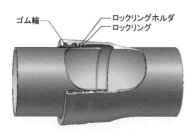

（１）ＧＸ形（呼び径75～400）

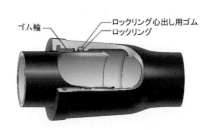

（２）ＮＳ形（呼び径75～450）

（３）ＮＳ形（呼び径500～1000）

（４）Ｓ形（呼び径1100～2600）

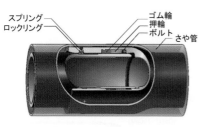

（５）ＰＮ形（呼び径300～1500）

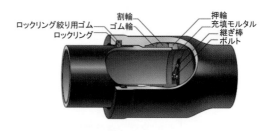

（６）ＵＳ形（呼び径800～2600）

図A3-3　耐震継手ダクタイル鉄管（HRDIP）の継手構造（JWWA規格）

参考文献

１）八戸圏域水道企業団：世界に先駆ける耐震形ダクタイル鉄管、pp.26-35、2013.

巻末資料４　耐震継手ダクタイル鉄管（HRDIP）の耐震性能試験

　耐震継手ダクタイル鉄管（HRDIP）の主な耐震性能は水密性試験、離脱防止試験、曲げ試験、および曲げ強度試験などの試験で検証されており、その試験結果は参考文献１）に詳しく記載されているので参照されたい。

　ここではそれ以外の、継手を高速で引っ張る高速離脱防止試験、漏水が発生するまで継手部を屈曲させる極限曲げ試験、および長期間使用された管の離脱防止試験について記述する。

A4.1　高速離脱防止試験

　地震時を想定して継手部を高速で引っ張る高速離脱防止試験を実施した。地震波の進行速度を300m/秒と仮定すると、離脱防止性能３DkN（D：管の呼び径）は100m分の管路と地盤との摩擦力に相当するため、３DkNの引張り力が継手部に作用するのに0.3秒程度かかると推定できる。そこで、ここではその約30％になる0.1秒で３DkNの引張り力を負荷した。

　図A4-1にGX形耐震継手ダクタイル鉄管の呼び径100、250での試験結果を示す。いずれも３DkNの高速引張りに耐え、継手部に破損、変形など異常もなかった。

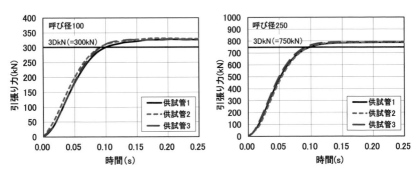

図A4-1　高速離脱防止試験結果

A4.2 極限曲げ試験[2]

曲げ試験を漏水が発生するまで実施した。供試管は呼び径150のＧＸ形耐震継手ダクタイル鉄管であり、米国コーネル大学の試験装置を使用して実施し、最大屈曲角度を大きく超えても漏水が発生しないことを確認できた。

図A4-2に試験装置を示す。継手部を離脱防止状態にセットし、水圧0.55MPaを保持した状態で漏水するまで継手部に曲げモーメントを負荷した。

① 図A4-3に曲げモーメントと継手屈曲角度の測定結果を示す。最大屈曲角度8°まで継手を屈曲させても、継手部から漏水は生じなかった。

② 継手屈曲角度12°で微小漏水が生じたが、16°で微小漏水が止まった。

③ その後、試験装置の限界である継手屈曲角度32°まで屈曲させたが、漏水は生じなかった。32°屈曲させた時の状況を写真A4-1に示す。

④ 試験後の供試管は挿し口先端部に管体割れが生じていたものの、止水部に管体割れはなく、これにより大きい屈曲角度でも漏水が生じなかったものと考えられる。

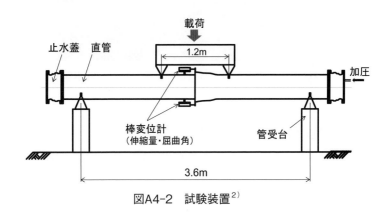

図A4-2　試験装置[2]

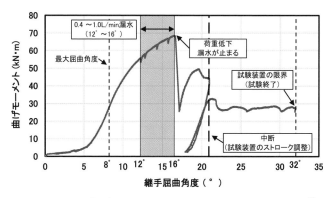

図A4-3 曲げモーメントと継手屈曲角度の測定結果[2]

写真A4-1 継手を32°屈曲させた時の状況（漏水なし）

A4.3 長期間使用された管の離脱防止試験

　長期間使用された耐震継手ダクタイル鉄管（HRDIP）の離脱防止試験を実施した。

　八戸市内において38年間使用された管（呼び径1000、S形継手）[3]、および41年間使用された管（呼び径450、SⅡ形継手）を供試管とした。供試管の供用期間中に発生した地震の回数を表A4-1に示す。これらの管は過去震度6以上の地震を2回経験している。

　離脱防止試験結果を表A4-2に示す。試験は継手部に3DkN（D：管の呼び径）相当の引張り力を19回負荷し、20回目に最大3.5DkNないしは4

DkN相当の引張り力を負荷した。引張り力を繰返し負荷しても継手部に異常はなく、新品と同じ離脱防止性能を保持していることを確認した。

表A4-1　供用期間中に発生した地震の回数（八戸市）

震度	4	5	6
発生回数※	35	7	2

※1975年～2008年に発生し、震度4以上のもの。
なお、震度5には5強および5弱を、震度6には6強および6弱を含む。

表A4-2　繰返し離脱防止試験結果

口径・継手 （使用年数）	負荷条件	結果
呼び径450 SⅡ形 （41年間使用）	引張り力 1,350kN（3DkN）×19回 引張り力 1,600kN（3.5DkN）×1回	異常なし
呼び径1000 S形 （38年間使用）	引張り力 3,000kN（3DkN）×19回 引張り力 4,000kN（4DkN）×1回	異常なし

このように、長期間使用され、複数回の震度Ⅴ以上の地震を経験した後でも新品と同等の耐震性を有しており、次の地震にも耐えられることが検証されている。

なお、ダクタイル鉄管のゴム輪や水密性能についても最大53年間使用された管を調査した結果、材質に変化がなく高い水密性能を保持していることが確認されている。詳しくは参考文献1）を参照されたい。

参考文献

1）日本ダクタイル鉄管協会：ダクタイル鉄管ガイドブック、p.270、p.279、2018.
2）Pariya-Ekkasut, C., Berger, B.A., Wham, B.P., Stewart, H.E., O'Rourke, T.D., Bond, T.K., : Four-Point Bending Testing of 6-in.（150-mm）, 12-in.（300-mm）, and 16-in.（400-mm）-Diameter Kubota Earthquake Resistant Ductile Iron Pipes, Cornell University, 2017.
3）内宮靖隆・古川勲：耐震管S形ダクタイル鉄管φ1,000経年管（38年間埋設）の耐久性評価、水道協会雑誌、第84巻、第2号、第965号、pp.11-21、2015.

巻末資料5　ダクタイル鉄管の設計照査用最大伸縮量、最大屈曲角度

　表A5-1に、耐震継手ダクタイル鉄管（HRDIP）の設計照査用最大伸縮量 δ_m および最大屈曲角度 θ_m を示す。設計照査用最大伸縮量 δ_m は継手を許容屈曲角度 θ_p の状態で接合した時の継手伸縮量であり、式（A5.1）より得られる。

　　設計照査用最大伸縮量 $\delta_m = \delta_S - D_2 \tan\theta_p$ 　　　　　　　　　　（A5.1）

ここに、

　　δ_S：真直配管時最大伸縮量（表A5-1参照）

　　D_2　：管の外径（mm）

　　θ_p　：許容屈曲角度（°）（表A5-1参照）

　　許容屈曲角度 θ_p は継手を曲げて配管できる角度を表し、耐震継手ダクタイル鉄管（HRDIP）で曲げ配管する場合には、許容屈曲角度の1/2以内で曲げて配管を行う。

　　表A5-1には一般継手ダクタイル鉄管（DIP）の例としてK形継手の設計照査用最大伸び量 δ_m や許容屈曲角度 θ_p なども示す。

表A5-1　ダクタイル鉄管の設計照査用最大伸縮量など

呼び径	継手形式	耐震継手ダクタイル鉄管（HRDIP）				継手形式	【参考】一般継手ダクタイル鉄管（DIP）		
		設計照査用最大伸縮量 λ_m (mm)	真直配管時最大伸縮量 δ_ε (mm)	許容屈曲角度 θ_η (°)	最大屈曲角度 θ_η (°)		設計照査用最大伸び量 δ_m (mm)	真直配管時最大伸び量 δ_s (mm)	許容屈曲角度 θ_p (°)
75	GX形	±42	±45.0	4° 00'	8° 00'	K形	31	40	5° 00'
100		±41	±45.0	4° 00'	8° 00'		29	40	5° 00'
150		±54	±60.0	4° 00'	8° 00'		25	40	5° 00'
200		±52	±60.0	4° 00'	8° 00'		20	40	5° 00'
250		±50	±60.0	4° 00'	8° 00'		20	40	4° 10'
300		±60	±72.0	4° 00'	8° 00'		35	64	5° 00'
350		±60	±74.0	4° 00'	8° 00'		32	64	4° 50'
400		±60	±75.0	4° 00'	8° 00'		33	64	4° 10'
450		±60	±77.0	4° 00'	8° 00'		32	64	3° 50'
500	NS形	±60	±75.0	3° 20'	7° 00'		33	64	3° 20'
600		±60	±75.0	2° 50'	7° 00'		32	64	2° 50'
700		±60	±75.0	2° 30'	7° 00'		32	64	2° 30'
800		±60	±75.0	2° 10'	7° 00'		32	64	2° 10'
900		±60	±75.0	2° 00'	7° 00'		31	64	2° 00'
1000	S形	±60	±80.0	1° 50'	7° 00'		38	72	1° 50'
1100		±61	±78.5	1° 40'	7° 00'		38	72	1° 40'
1200		±62	±78.5	1° 30'	7° 00'		39	72	1° 30'
1350		±60	±78.5	1° 30'	6° 30'		39	72	1° 20'
1500		±60	±81.0	1° 30'	5° 50'		40	72	1° 10'
1600		±60	±72.5	1° 30'	5° 00'		41	85	1° 30'
1650		±50	±72.5	1° 30'	4° 50'		45	90	1° 30'
1800		±50	±75.0	1° 30'	4° 40'		46	95	1° 30'
2000		±50	±77.5	1° 30'	4° 20'		51	105	1° 30'
2100		±50	±80.0	1° 30'	4° 10'		53	110	1° 30'
2200		±51	±80.0	1° 30'	4° 00'		55	115	1° 30'
2400		±50	±82.5	1° 30'	3° 50'		60	125	1° 30'
2600		±50	±85.5	1° 30'	3° 40'		70	141	1° 30'

巻末資料６　レベル２地震動の軸応力計算用速度応答スペクトル

　ダクタイル鉄管のレベル２地震動の軸応力計算には管と地盤の滑りを考慮した速度応答スペクトルを用いる。

　滑りを考慮していない式（3.47）によって計算される軸応力が、滑りを考慮したFEM解析によって得られる軸応力と等しくなるように、見かけ上の速度応答スペクトルが設定されている。

　見かけ上の速度応答スペクトルは図A6-1に示すように、呼び径1500以下と呼び径1600以上に分けて管路の重要度に応じて各々の場合２種類が求められている。

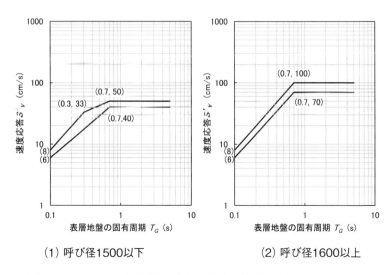

（1）呼び径1500以下　　　　　　　　（2）呼び径1600以上

図A6-1　レベル２地震動の軸応力計算に使用する速度応答スペクトル

巻末資料7　継手がある場合の応力の補正係数 ξ_1、ξ_2

継手がある場合の応力の補正係数 ξ_1、ξ_2 は表A7-1の通りである。

表A7-1　応力の補正係数 ξ_1、ξ_2

ξ_1	$\dfrac{1}{\mathrm{e}^{\nu'\lambda_1 L'} - \mathrm{e}^{-\nu'\lambda_1 L'}}\sqrt{\phi_1{}^2 + \phi_2{}^2}$
ξ_2	$\sqrt{\phi_3{}^2 + \phi_4{}^2}$

ϕ_1	$\{\mathrm{e}^{-\nu'\lambda_1 L'} - \cos(2\pi\nu')\}\,\mathrm{e}^{\mu'\lambda_1 L'} - \{\mathrm{e}^{\nu'\lambda_1 L'} - \cos(2\pi\nu')\}\,\mathrm{e}^{-\mu'\lambda_1 L'}$ $+ 2\sinh(\nu'\lambda_1 L')\cos(2\pi\mu')$
ϕ_2	$2\sin(2\pi\nu')\sinh(\mu'\lambda_1 L') - 2\sin(2\pi\mu')\sinh(\nu'\lambda_1 L')$
ϕ_3	$f_3 e_3 - f_1 e_2 - f_4 e_1 - \sin(2\pi\mu)$
ϕ_4	$e_4 + f_2 e_3 - f_2 e_2 - f_5 e_1 - \cos(2\pi\mu)$

f_1	$\dfrac{1}{\Delta}\left[\{C_1(C_4 - C_1) - C_3(C_3 + C_2) - C_1\cos(2\pi\nu)\}\dfrac{2\pi}{\beta L} + (C_3 + C_2)\sin(2\pi\nu)\right]$
f_2	$\dfrac{1}{\Delta}\left[C_1(C_3 - C_2) - C_4(C_3 + C_2) + (C_3 + C_2)\cos(2\pi\nu) + C_1\dfrac{2\pi}{\beta L}\sin(2\pi\nu)\right]$
f_3	$\dfrac{1}{\Delta}\left[\{C_1(C_4 + C_1) - C_2(C_3 + C_2) - C_1\cos(2\pi\nu)\}\dfrac{2\pi}{\beta L} + (C_3 + C_2)\sin(2\pi\nu)\right]$
f_4	$\dfrac{1}{\Delta}\left[\{C_3(C_4 + C_1) - C_2(C_4 - C_1) + (C_2 - C_3)\cos(2\pi\nu)\}\dfrac{2\pi}{\beta L} - 2C_1\sin(2\pi\nu)\right]$
f_5	$\dfrac{1}{\Delta}\left[(C_3 - C_2)^2 + 2C_1 C_4 - 2C_1\cos(2\pi\nu) - (C_2 - C_3)\dfrac{2\pi}{\beta L}\sin(2\pi\nu)\right]$

Δ	$(C_3 + C_2)(C_3 - C_2) + 2C_1^2$		
C_1	$\sin(\nu\beta L)\sinh(\nu\beta L)$	e_1	$\sin(\mu\beta L)\sinh(\mu\beta L)$
C_2	$\sin(\nu\beta L)\cosh(\nu\beta L)$	e_2	$\sin(\mu\beta L)\cosh(\mu\beta L)$
C_3	$\cos(\nu\beta L)\sinh(\nu\beta L)$	e_3	$\cos(\mu\beta L)\sinh(\mu\beta L)$
C_4	$\cos(\nu\beta L)\cosh(\nu\beta L)$	e_4	$\cos(\mu\beta L)\cosh(\mu\beta L)$

v	l/L	v'	l/L'
μ	$\dfrac{l}{2L}$	μ'	$\dfrac{l}{2L'}$
λ_1	$\sqrt{\dfrac{k_{g1}}{EA}}$	β	$\sqrt[4]{\dfrac{k_{g2}}{4EI}}$

　応力の補正係数 ξ_1、ξ_2 は次のように導出される。

① 3.3で説明したように、埋設管の管軸方向変位を$u(x)$、管軸直交変位を$v(x)$ とすると、式 (A7.1)、(A7.2) が成り立ち、その解として式 (A7.3)、(A7.4) が得られる。

$$EA\,\frac{d^2 u(x)}{dx^2} = -k_{g1}\{U_a(x) - u(x)\} \tag{A7.1}$$

$$EI\,\frac{d^4 v(x)}{dx^4} = k_{g2}\{V_a(x) - v(x)\} \tag{A7.2}$$

$$u(x) = Ae^{\lambda_1 x} + Be^{-\lambda_1 x} + U_a(x)\,\alpha_1 \sin\left(\frac{2\pi}{L'}x + \phi\right) \tag{A7.3}$$

$$v(x) = e^{\beta x}(C\cos\beta x + D\sin\beta x) + e^{-\beta x}(E\cos\beta x + F\sin\beta x)$$
$$\qquad + V_a(x)\,\alpha_2 \sin\left(\frac{2\pi}{L}x + \phi\right) \tag{A7.4}$$

$$\alpha_1 = \frac{1}{1 + \left(\dfrac{2\pi}{\lambda_1 L'}\right)^2} \qquad \alpha_2 = \frac{1}{1 + \left(\dfrac{2\pi}{\lambda_2 L}\right)^4}$$

$$\lambda_1 = \sqrt{\frac{k_{g1}}{EA}} \qquad \lambda_2 = \sqrt[4]{\frac{k_{g2}}{EI}} \qquad \beta = \sqrt[4]{\frac{k_{g2}}{4EI}}$$

　A、B、C、D、E、F は定数

② 継手を有する長さlの管を考えると、両端は管軸方向に拘束されないので、$x = 0$、$x = l$ で $\dfrac{du(x)}{dx} = 0$が成り立つ。したがって式 (A7.3) から A、Bを未知数とする2元連立方程式が得られ、それを解き $u(x)$ が得ら

れる。このとき、継手がある場合の軸応力 σ_A は式（A7.5）で求められ、継手がない場合の軸応力である式（A7.6）に示す σ_x との比として ξ_1 が式（A7.7）で求められる。

$$\sigma_A = E \frac{du\,(x)}{dx} \tag{A7.5}$$

$$\sigma_x = \alpha_1 \frac{\pi U_h}{L} E \tag{A7.6}$$

$$\xi_1 = \frac{\sigma_A}{\sigma_x} = \frac{1}{\mathrm{e}^{\nu'\lambda_1 L'} - \mathrm{e}^{-\nu'\lambda_1 L'}} \sqrt{{\phi_1}^2 + {\phi_2}^2} \tag{A7.7}$$

③ 一方、管軸直交方向では両端には拘束がなく、曲げモーメント、せん断力が発生しないと考えると、$x = 0$、$x = l$ で、$\dfrac{d^2 v\,(x)}{dx^2} = 0$、$\dfrac{d^3 v\,(x)}{dx^3} = 0$ が成り立つ。したがって、C、D、E、F を未知数とする4元連立方程式が得られ、それを解き $v\,(x)$ が得られる。このとき、継手がある場合の軸応力 σ_B は式（A7.8）で求められ、継手がない場合の軸応力である式（A7.9）に示す σ_y との比として ξ_2 が式（A7.10）で求められる。

$$\sigma_B = E \frac{d^2 v\,(x)}{dx^2} \frac{D}{2} \tag{A7.8}$$

$$\sigma_y = \alpha_2 \frac{2\pi^2 D U_h}{L^2} E \tag{A7.9}$$

$$\xi_2 = \frac{\sigma_B}{\sigma_y} = \sqrt{{\phi_3}^2 + {\phi_4}^2} \tag{A7.10}$$

巻末資料8　継手伸縮量の算出式の導出

継手伸縮量　$|u_j| = u_0\overline{u_j} = \alpha_1 U_a \dfrac{2\gamma_1\,|\cos\beta_1 - \cos\gamma_1|}{\beta_1\sinh\beta_1}$

$\alpha_1 = \dfrac{1}{1+(\gamma_1/\beta_1)^2}$　$\lambda_1 = \sqrt{\dfrac{k_{g1}}{EA}}$　$\beta_1 = \lambda_1 l = \sqrt{\dfrac{k_{g1}}{EA}}\,l$

$\gamma_1 = \dfrac{2\pi l}{L'}$

ここに、

$|u_j|$　：継手伸縮量（m）

U_a　：地盤の不均一性を考慮した管軸方向の水平変位（m）（$= \dfrac{1}{\sqrt{2}}U_h{}'$）

l　：継手間距離（管長）（m）

L'　：見かけの波長（m）

k_{g1}　：管軸方向の単位長さ当たりの地盤の剛性係数（kN/m²）

E　：管の弾性係数（kN/m²）

A　：管の断面積（m²）

継手伸縮量 $|u_j|$ は、図A8-1に示す隣接する2つの管 m、n のモデルから導出できる。地震波は継手（$x = 0$）を通過する場合を考える。

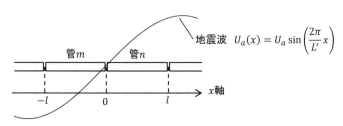

地震波　$U_a(x) = U_a \sin\left(\dfrac{2\pi}{L'}x\right)$

図A8-1　モデル図

管 m、n の軸方向変位を $u_m(x)$、$u_n(x)$ とすると、

$$|u_j| = |u_n(0) - u_m(0)| \tag{A8.1}$$

177

管 m、n の各々において、3.3の式（3.21）と同じく式（A8.2）が成り立つ。

$$EA\,\frac{d^2 u_i(x)}{dx^2} = k_{g1}\,\{\,U_a(x) - u_i(x)\,\} \quad (\,i = m,\,n\,) \tag{A8.2}$$

式（A8.2）の解は、式（A8.3）で与えられる。

$$u_i(x) = A_i \mathrm{e}^{\lambda_1 x} + B_i \mathrm{e}^{-\lambda_1 x} + \alpha_1 U_a \sin\left(\frac{2\pi}{L'}x\right) \quad (\,A_i、B_i \text{ は定数}) \tag{A8.3}$$

管 m において、両端（$x = -l,\,0$）は軸方向に拘束がないので $\dfrac{du_m(x)}{dx} = 0$ が成り立ち、式（A8.4）、（A8.5）が得られる。

$$A_m \lambda_1 \mathrm{e}^{-\lambda_1 l} - B_m \lambda_1 \mathrm{e}^{\lambda_1 l} + \alpha_1 U_a \frac{2\pi}{L'}\cos\left(\frac{2\pi}{L'}\,l\right) = 0 \tag{A8.4}$$

$$A_m \lambda_1 - B_m \lambda_1 + \alpha_1 U_a \frac{2\pi}{L'} = 0 \tag{A8.5}$$

A_m、B_m を未知数として、連立方程式（A8.4）、（A8.5）を解くと、

$$A_m + B_m = \frac{\alpha_1 U_a \gamma_1\,(-\cosh\beta_1 + \cos\gamma_1)}{\beta_1 \sinh\beta_1} \tag{A8.6}$$

管 n においても同じく、

$$A_n + B_n = \frac{\alpha_1 U_a \gamma_1\,(\cosh\beta_1 - \cos\gamma_1)}{\beta_1 \sinh\beta_1} \tag{A8.7}$$

式（A8.3）を式（A8.1）に代入して、

$$|\,u_j\,| = |\,u_n(0) - u_m(0)\,|$$
$$= |\,(A_n + B_n) - (A_m + B_m)\,| \tag{A8.8}$$

式（A8.6）、（A8.7）を式（A8.8）に代入して、

$$|\,u_j\,| = u_0 \overline{u_j} = \alpha_1 U_a \frac{2\gamma_1\,|\cosh\beta_1 - \cos\gamma_1|}{\beta_1 \sinh\beta_1} \text{ が得られる。}$$

$$\text{継手屈曲角度} \quad \theta = \frac{4\pi^2 l U_h{}'}{L^2}$$

ここに、

$U_h{}'$　：地盤の不均一度を考慮した地盤変位振幅（m）

L　：波長（m）

l　：継手間距離（管長）（m）

　継手屈曲角度は、管両端の管軸直交方向変位の差から、幾何学的に導出される。図A9-1に示す接続された管長 l の管 m、管 n のモデルを考えると、継手屈曲角度 θ は式（A9.1）で与えられる。

$$\theta = \left| \theta_1 - \theta_2 \right| \tag{A9.1}$$

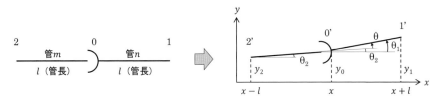

図A9-1　地盤変位による管路の管軸直交方向変位のイメージ図

　管軸直交変位を地震動による地盤変位に等しいとすると、管軸直交方向変位は、3.3の式（3.29）から地震波の入射角 $\phi = 0$ の時最大になるので、管の両端の管軸直交変位を y_0、y_1、y_2 とすると、それぞれ式（A9.2）～（A9.4）で与えられる。

$$y_0 = U_h{}' \sin \left(\frac{2\pi}{L} x \right) \tag{A9.2}$$

$$y_1 = U_h{}' \sin \left\{ 2\pi \left(\frac{x}{L} + \frac{l}{L} \right) \right\} \tag{A9.3}$$

$$y_2 = U_h{'}\sin\left\{2\pi\left(\frac{x}{L} - \frac{l}{L}\right)\right\} \tag{A9.4}$$

式（A9.2）〜（A9.4）および式（A9.1）から、最大値として θ が得られる。

$$\theta_1 = \frac{y_1 - y_0}{l} = \frac{2\pi}{L}U_h{'}\cos\left(\frac{2\pi}{L}x + \frac{\pi l}{L}\right) \tag{A9.5}$$

$$\theta_2 = \frac{y_0 - y_2}{l} = \frac{2\pi}{L}U_h{'}\cos\left(\frac{2\pi}{L}x - \frac{\pi l}{L}\right) \tag{A9.6}$$

$$\theta = \left|\theta_1 - \theta_2\right|_{max} = \left|\frac{4\pi U_h{'}}{L}\sin\left(\frac{\pi l}{L}\right)\sin\left(\frac{2\pi x}{L}\right)\right|_{max}$$

$$= \frac{4\pi^2 l U_h{'}}{L^2} \tag{A9.7}$$

　伝達マトリックス法は線形常微分方程式の一般解を基礎とし、マトリックスの掛け算による移行計算を主体とした解析手法である。埋設管を弾性床上の梁としてモデル化し、埋設管は弾性挙動するものとし、管軸方向ばねと回転ばねを有する継手でつながれているものとする。なお、埋設管においては慣性力と減衰の影響は少ないと考え、疑似静的解析を行う。このときの運動方程式は式（A10.1）、（A10.2）となる。

$$-EA\,\frac{d^2u}{dx^2} = K_u\,(\,U-u\,) \tag{A10.1}$$

$$EI\,\frac{d^4v}{dx^4} = K_v\,(\,V-v\,) + F \tag{A10.2}$$

　中村[1]によって提案された、数値誤差の改善を考慮した伝達マトリックス法について説明する。この手法は、2点間の物理量の関係を伝達するものである。各格点で物理量は偶数個（$2n$個）存在するので、それらを適当に半分ずつ2組に分け、n 次元のベクトル y、z で表す。次に、α、β を（$n \times n$）のマトリックス、γ を n 次元のベクトルとすれば、各格点の物理量 y と z の間に式（A10.3）が成立する。

$$\begin{aligned}\overrightarrow{\alpha}y+\overrightarrow{\beta}z = \overrightarrow{\gamma}\\\overleftarrow{\alpha}y+\overleftarrow{\beta}z = \overleftarrow{\gamma}\end{aligned} \tag{A10.3}$$

　ここで、矢印 → は左から右への伝達を意味しており、← は逆方向への伝達を意味している。簡単にするために式（A10.4）の構造要素の常微分方程式を用いて説明する。

$$\frac{dY}{dx} = AY + Q\,(x) \tag{A10.4}$$

　ここに、Y は $2n$ 次元の未知の物理量ベクトル、A は（$2n \times 2n$）の係数マトリックス、Q は $2n$ 次元の荷重ベクトルである。式（A10.4）の初期値問題の一般解は、

$$Y(x) = e^{Ax} Y(0) + e^{Ax} \int_0^x e^{-As} Q(s)\, ds \qquad (A10.5)$$

であり、この式の漸化式表示は式（A10.6）となる。

$$Y(x + \Delta x) = e^{A\Delta x} Y(x) + e^{A\Delta x} \int_0^{\Delta x} e^{-As} Q(x + s)\, ds \qquad (A10.6)$$

そこで、式（A10.7）～（A10.9）を定義する。

$$Y = \left\{ \begin{array}{c} y \\ z \end{array} \right\} \qquad (A10.7)$$

$$e^{A\Delta x} = \left[\begin{array}{cc} A(\Delta x) & B(\Delta x) \\ C(\Delta x) & D(\Delta x) \end{array} \right] \qquad (A10.8)$$

$$\int_0^{\Delta x} e^{-As} Q(x + s)\, ds = \left\{ \begin{array}{c} q(x) \\ r(x) \end{array} \right\} \qquad (A10.9)$$

ここで、y, z は n 次元の未知物理量ベクトル、$A(\Delta x)$, $B(\Delta x)$, $C(\Delta x)$, $D(\Delta x)$ は $(n \times n)$ のマトリックス、$q(x)$, $r(x)$ は n 次元のベクトルである。式（A10.7）、（A10.8）、（A10.9）を式（A10.6）に代入し両辺に $e^{-A\Delta x}$ をかけると、

$$\left[\begin{array}{cc} A(-\Delta x) & B(-\Delta x) \\ C(-\Delta x) & D(-\Delta x) \end{array} \right] \left\{ \begin{array}{c} y(x+\Delta x) \\ z(x+\Delta x) \end{array} \right\} = \left\{ \begin{array}{c} y(x) \\ z(x) \end{array} \right\} + \left\{ \begin{array}{c} q(x) \\ r(x) \end{array} \right\} \qquad (A10.10)$$

式（A10.10）の両辺に $[\alpha(x) \quad \beta(x)]$ をかけて整理すれば式（A10.11）、（A10.12）が得られる。

$$[\vec{\alpha}(x + \Delta x) \quad \vec{\beta}(x + \Delta x)] = [\vec{\alpha}(x) \quad \vec{\beta}(x)]\, e^{-A\Delta x} \qquad (A10.11)$$

$$\vec{\gamma}(x - \Delta x) = \vec{\gamma}(x) + [\vec{\alpha}(x) \quad \vec{\beta}(x)] \left\{ \begin{array}{c} q(x) \\ r(x) \end{array} \right\} \qquad (A10.12)$$

逆方向からの伝達の場合も同様に考えると式（A10.13）、（A10.14）が得られる。

$$\left[\; \overleftarrow{\alpha}\,(\,x-\Delta x\,) \quad \overleftarrow{\beta}\,(\,x-\Delta x\,)\right]=\left[\;\overleftarrow{\alpha}\,(x) \quad \overleftarrow{\beta}\,(x)\right]\mathrm{e}^{A\Delta x} \tag{A10.13}$$

$$\overleftarrow{\gamma}\,(\,x+\Delta x\,)=\overleftarrow{\gamma}\,(x)+\left[\;\overleftarrow{\alpha}\,(x) \quad \overleftarrow{\beta}\,(x)\right]\left\{\begin{matrix} s\,(x) \\ t\,(x) \end{matrix}\right\} \tag{A10.14}$$

ここに、

$$-\int_0^{\Delta x}\mathrm{e}^{As}\,Q\,(\,x-s\,)\,ds=\left\{\begin{matrix} s\,(x) \\ t\,(x) \end{matrix}\right\} \tag{A10.15}$$

式（A10.9）、式（A10.11）〜（A10.15）が格間伝達に用いる関係式である。一方、各格点においては式（A10.16）が成り立つ。

$$Y_{i,R}=K_iY_{i,L}+F_i \tag{A10.16}$$

ここに、K_i は継手ばね定数を含む（$n\times n$）の格点マトリックス、F_i は格点に作用する集中荷重を含む $2n$ 次元の荷重ベクトル、Y は物理量を表すベクトルであり、L と R は格点の左側、右側をそれぞれ示している。

α, β, γ を右端からと左端からそれぞれ伝達計算し、全格点について関係式が求まれば次式を解くことにより、格点 i の両側の全物理量が求められる。

$$\begin{aligned}\left[\begin{matrix} \overrightarrow{\alpha}_{i,L} & \overrightarrow{\beta}_{i,L} \\ \overleftarrow{\alpha}_{i,L} & \overleftarrow{\beta}_{i,L} \end{matrix}\right]\left\{\begin{matrix} y_{i,L} \\ z_{i,L} \end{matrix}\right\}&=\left\{\begin{matrix} \overrightarrow{\gamma}_{i,L} \\ \overleftarrow{\gamma}_{i,L} \end{matrix}\right\} \\[6pt] \left[\begin{matrix} \overrightarrow{\alpha}_{i,R} & \overrightarrow{\beta}_{i,R} \\ \overleftarrow{\alpha}_{i,R} & \overleftarrow{\beta}_{i,R} \end{matrix}\right]\left\{\begin{matrix} y_{i,R} \\ z_{i,R} \end{matrix}\right\}&=\left\{\begin{matrix} \overrightarrow{\gamma}_{i,R} \\ \overleftarrow{\gamma}_{i,R} \end{matrix}\right\}\end{aligned} \tag{A10.17}$$

式（A10.1）、（A10.2）にこの手法を適用する。$u'=\dfrac{d}{dx}$ とすると、式（A10.1）は式（A10.18）のように表すことができる。

$$\frac{d}{dx}\left\{\begin{matrix} u \\ u' \end{matrix}\right\}=\left[\begin{matrix} 0 & 1 \\ K_u/EA & 0 \end{matrix}\right]+\left\{\begin{matrix} u \\ u' \end{matrix}\right\}+\left\{\begin{matrix} 0 \\ -K_u/EA \end{matrix}\right\} \tag{A10.18}$$

式（A10.18）の漸化式表示は式（A10.19）となる。

$$\left\{\begin{array}{c} u \\ u' \end{array}\right\}_{x+\Delta x} = \left[\begin{array}{cc} 1 & \Delta x \\ K_u\Delta x/EA & 1 \end{array}\right]\left\{\begin{array}{c} u \\ u' \end{array}\right\}_x$$

$$+ \left[\begin{array}{cc} 1 & \Delta x \\ K_u\Delta x/EA & 1 \end{array}\right]\int_0^{\Delta x}\left[\begin{array}{cc} 1 & s \\ K_u s/EA & 1 \end{array}\right]\left\{\begin{array}{c} 0 \\ K_u U/EA \end{array}\right\}ds \qquad \text{(A10.19)}$$

同様にして、式（A10.2）は式（A10.20）で表すことができる。

$$\left\{\begin{array}{c} v \\ v' \\ v'' \\ v''' \end{array}\right\}_{x+\Delta x} = \left[\begin{array}{cccc} 1 & \Delta x & \Delta x^2/2 & \Delta x^3/6 \\ 0 & 1 & \Delta x & \Delta x^2/2 \\ 0 & 0 & 1 & \Delta x \\ -K_v\Delta x/EI & 0 & 0 & 1 \end{array}\right]\left\{\begin{array}{c} v \\ v' \\ v'' \\ v''' \end{array}\right\}_x +$$

$$\left[\begin{array}{cccc} 1 & \Delta x & \Delta x^2/2 & \Delta x^3/6 \\ 0 & 1 & \Delta x & \Delta x^2/2 \\ 0 & 0 & 1 & \Delta x \\ -K_v\Delta x/EI & 0 & 0 & 1 \end{array}\right]$$

$$\int_0^{dx}\left[\begin{array}{cccc} 1 & -s & -s^2/2 & -s^3/6 \\ 0 & 1 & -s & -s^2/2 \\ 0 & 0 & 1 & -s \\ -K_v s/EI & 0 & 0 & 1 \end{array}\right]\left\{\begin{array}{c} 0 \\ 0 \\ 0 \\ (K_v V + F)/EI \end{array}\right\}ds$$

$$\text{(A10.20)}$$

式（A10.19）、（A10.20）から、次式が得られる。

$$M = \left[\begin{array}{cccccc} 1 & 0 & 0 & -DC & 0 & 0 \\ 0 & 1 & -D & 0 & D^2B/2 & D^3B/6 \\ 0 & 0 & 1 & 0 & -DB & -D^2B/2 \\ -DK_v & 0 & 0 & 1 & 0 & 0 \\ 0 & 0 & 0 & 0 & 1 & D \\ 0 & -DK_u & 0 & 0 & 0 & 1 \end{array}\right] \qquad \text{(A10.21)}$$

ここに、$B = EI/E_0 I_0$、$C = EA/E_0 A$、$D = dx/I_0$ であり、K_v、K_u は無次元化した等価地盤ばね定数である。また、添え字 0 はそれぞれの変数の基準値である。M は式（A10.6）の $e^{A\Delta x}$ である。

埋設管は管軸方向ばねと回転ばねを有する継手でつながれているものと考える。各継手における変形と力の関係を図A10-1に示すように考える。これに対応する格点マトリックスは式（A10.22）で表すことができる。

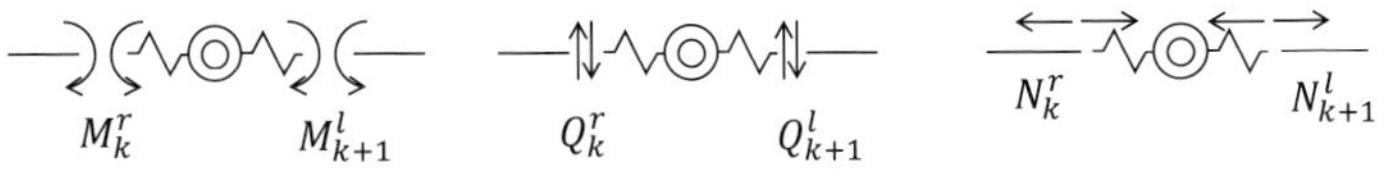

$$M_{k+1}^l = M_k^r$$
$$\quad = -K_r(\phi_{k+1}^l - \phi_k^r)$$
$$\phi_{k+1}^l = \phi_k^r = M_k^r/K_j$$

$$V_{k+1}^l = V_k^r$$
$$Q_{k+1}^l = Q_k^r$$

$$N_{k+1}^l = N_k^r$$
$$\quad = -K_t(U_{k+1}^l - U_k^r)$$
$$U_{k+1}^l = U_k^r - N_k^r/K_t$$

図A10-1　各継手における変形と力の関係

$$
P = \begin{bmatrix}
1 & 0 & 0 & -1/K_t & 0 & 0 \\
0 & 1 & 0 & 0 & 0 & 0 \\
0 & 0 & 1 & 0 & -1/K_j & 0 \\
0 & 0 & 0 & 1 & 0 & 0 \\
0 & 0 & 0 & 0 & 1 & 1 \\
0 & 0 & 0 & 0 & 0 & 1
\end{bmatrix}
\tag{A10.22}
$$

参考文献

1）中村秀治：数値誤差の改善を考慮した伝達マトリックス法の提案、土木学会論文報告集、第289号、pp.43-53、1979.

巻末資料11　震度階から最大地盤速度への変換

　防災計画等では想定地震動強さが気象庁震度階で与えられる場合が多い。4.1に示す管路被害予測式では想定地震動として最大地盤速度が使用されるので、次に述べる換算式で震度階を最大地盤速度に変換して使用できる。

　震度階毎に相当する計測震度が気象庁から表A11-1の通り示されている。[1]

表A11-1　震度階と計測震度（ I ）の関係[1]

震度階	4	5弱	5強	6弱	6強	7
計測震度	3.5~4.5	4.5~5.0	5.0~5.5	5.5~6.0	6.0~6.5	6.5~

　一方、最大地盤速度と計測震度の関係は、翠川ら[2]により式（A11.1）の通り与えられており、これから計測震度（ I ）を用いて最大地盤速度が、式（A11.2）によって得られる。

$$I = 2.68 + 1.72\log v \tag{A11.1}$$

$$v = 10^{(I-2.68)/1.72} \tag{A11.2}$$

ここに、

　I　：計測震度
　v　：最大地盤速度（cm/s）

　また、国土庁の地震被害想定支援マニュアル[3]では、最大地盤速度と計測震度の関係が式（A11.3）の通り与えられており、式（A11.4）によって計測震度（ I ）から最大地盤速度が得られる。

$$I = 2.4 + 2.02\log v \tag{A11.3}$$

$$v = 10^{(I-2.4)/2.02} \tag{A11.4}$$

表A11-2　震度階と地盤最大速度の関係

震度階		4	5弱	5強	6弱	6強	7
最大地盤速度（cm/s）	翠川ら（1999）[2]	3～11	11～22	22～44	44～85	85～166	166～
	国土庁の地震被害想定支援マニュアル[3]	4～11	11～19	19～34	34～61	61～107	107～

参考文献

1）気象庁：気象庁震度階級表（平成八年二月十五日気象庁告示第四号）、1996.
2）翠川三郎、藤本一雄、村松郁栄：計測震度と旧気象庁震度および地震動強さの指標との関係、地域安全学会論文集、Vol.1、pp.51-56、1999.
3）国土庁：地震被害想定支援マニュアル、2001.（http://www.bousai.go.jp/manual/index.htm）

索 引

あとがき

　本書の執筆に当たり、元神戸市水道局　熊木芳宏氏　名古屋市上下水道局　田原克泰氏、および広島市水道局　松岡俊典氏（五十音順）には、水道事業体の視点からの貴重な示唆と助言を頂戴いたしました。深甚なる謝意を表します。

　株式会社クボタの飯出淳氏と小田圭太氏には、実験結果や解析結果の整理、資料収集および図表の作成と多くのことで大変お世話になりました。彼らの協力無くして本書は完成できなかったと言っても過言ではありません。また、株式会社クボタの多くの皆様にもご助力いただきました。紙面を借りて厚くお礼申し上げます。

　最後に、水道産業新聞社の森昌史氏、黒田竜平氏、亀尾百代氏には、執筆に当たり様々な助言をいただき、度重なる原稿修正にも的確な対応をしていただきました。心から感謝申し上げます。

宮島昌克　　戸島敏雄

宮島昌克

1956年	石川県生まれ
1981年	金沢大学助手
1990年	米国コーネル大学客員助教授
1992年	金沢大学助教授
1996年	米国スタンフォード大学召聘研究員
2000年	金沢大学教授
2022年	金沢大学名誉教授

1983年日本海中部地震以降の国内のほとんどの被害地震と14ヵ国にわたる海外の地震被害調査に従事。「水道施設耐震工法指針・解説」2022年版改訂特別調査委員会副委員長

戸島敏雄

1955年	宮崎県生まれ
1980年	久保田鉄工（株）（現（株）クボタ）入社
2005年	パイプエンジニアリング部長
	鉄管研究部長

ダクタイル鉄管の生産技術開発を経て、1991年より耐震継手管の開発および管路の耐震技術の研究開発に従事。「水道施設耐震工法指針・解説」2009年版改訂特別調査委員会 総論専門委員会委員

上水道パイプライン地震工学
Earthquake Engineering for Water Pipelines

2022年 7 月20日　第 1 刷版発行

発行所　水道産業新聞社
　　　　東京都港区西新橋 3 - 5 - 2
　　　　電話（03）6435-7644

印刷・製本　瞬報社写真印刷株式会社